U0655939

高｜等｜学｜校｜计｜算｜机｜专｜业｜系｜列｜教｜材

数字图像处理
（MATLAB版）

李丽宏　李志华　马永强　编著

清華大学出版社

北京

内 容 简 介

"数字图像处理"已成为高等学校电子信息及计算机类专业的核心课程之一。本书依据编者多年"数字图像处理"课程的教学经验,参考相关文献并结合实际科研应用案例编写而成,主要介绍数字图像处理的基本概念、原理以及应用。全书共10章,前9章分别为绪论、图像处理基础知识、图像变换、图像增强、图像压缩编码、图像分割、图像形态学、图像描述、神经网络与深度学习,第10章为应用案例,引导读者回顾所学内容、查漏补缺、融会贯通,加深对图像处理算法的综合理解,提高实践能力。

本书从易到难,从简单到复杂,突出重点,难度适宜,并配备相应 MATLAB 程序进行理论仿真,循序渐进地带领读者学习并掌握关键知识,非常适合作为相关专业本科生和研究生的"数字图像处理"课程教材,也可供相关领域的从业者参考使用。

版权所有,侵权必究。举报:010-62782989,beiqinquan@tup.tsinghua.edu.cn。

图书在版编目 (CIP) 数据

数字图像处理:MATLAB 版 / 李丽宏,李志华,马永强编著. -- 北京:清华大学出版社,2025.7.
(高等学校计算机专业系列教材). -- ISBN 978-7-302-69888-3

Ⅰ. TN911.73

中国国家版本馆 CIP 数据核字第 2025LG1964 号

责任编辑:龙启铭　　王玉梅
封面设计:何凤霞
责任校对:刘惠林
责任印制:杨　艳

出版发行:清华大学出版社
　　　　　网　　　址:https://www.tup.com.cn,https://www.wqxuetang.com
　　　　　地　　　址:北京清华大学学研大厦 A 座　　　　　邮　　编:100084
　　　　　社 总 机:010-83470000　　　　　　　　　　　　邮　　购:010-62786544
　　　　　投稿与读者服务:010-62776969,c-service@tup.tsinghua.edu.cn
　　　　　质量反馈:010-62772015,zhiliang@tup.tsinghua.edu.cn
　　　　　课件下载:https://www.tup.com.cn,010-83470236
印 装 者:三河市龙大印装有限公司
经　　销:全国新华书店
开　　本:185mm×260mm　　　　印　　张:13.75　　　　字　　数:309 千字
版　　次:2025 年 9 月第 1 版　　　　　　　　　　　　　　印　　次:2025 年 9 月第 1 次印刷
定　　价:49.00 元

产品编号:108724-01

前言

数字图像处理是利用计算机技术对图像进行增强、变换、编码、分割、分析与理解的一种现代信息处理技术,是现代信息处理的研究热点,应用非常广泛,已成为计算机视觉、模式识别等人工智能领域中不可或缺的技术。

目前,"数字图像处理"已成为高等学校电子信息及计算机类专业的核心课程之一,鉴于此,河北工程大学本科教材建设基金资助出版了本书。本书针对地方高校培养方案,依托编者多年实践教学经验,体现循序渐进、实用为先的编写理念,以实际需求为导向,书中案例既有理论讲解,又利用MATLAB工具进行仿真实现,利于读者掌握理论知识与锻炼实践能力;本书最后一章引入完整的应用案例,利于读者综合掌握数字图像处理技术,提高读者独立解决实际问题的能力。本书满足地方高校毕业达成度要求,可为培养高素质的图像处理方面的人才提供有力支持。

全书共10章,前9章分别为绪论、图像处理基础知识、图像变换、图像增强、图像压缩编码、图像分割、图像形态学、图像描述、神经网络与深度学习,第10章为应用案例,引导读者回顾所学内容、查漏补缺、融会贯通,加深对图像处理算法的综合理解,提高实践能力。

本书由李丽宏、李志华和马永强编写;白世强、高骏对部分章节程序进行了整理;罗一鸣、赵邹菲、刘晴晴、曾紫薇等研究生参与了书中插图的绘制工作。在编写本书的过程中,编者参考了数字图像处理相关文献,在此对这些文献的作者表示真诚的感谢。

由于编者水平所限,书中可能存在疏漏与不足之处,恳请广大读者批评指正。

编 者
2025 年 3 月

目录

第1章

绪　　论

人类获取信息的途径 70% 来自视觉系统,图像是视觉采集的影像。本章主要介绍数字图像与像素的概念、数字图像处理发展史、图像处理任务、图像处理系统与数字图像处理应用领域。

1.1　图像与像素

图像泛指视觉景物某种形式的表示和记录。例如,显示在照片、传真、复印图、电视、计算机等介质上的具有视觉效果的画面均可称为图像。图像是自然界景物的客观反映,如图 1.1 所示。

图像根据记录方式的不同,可分为模拟图像和数字图像。模拟图像可以通过某种物理量(如光、电等)的强弱变化来记录图像亮度信息;而数字图像则通过计算机存储的数据来记录图像上各点的亮度信息。

在数字图像领域,数字图像的基本单位是像素(pixel),图像可看作由许多大小相同、形状一致的像素组成,如图 1.2 所示。

图 1.1　自然景物图像

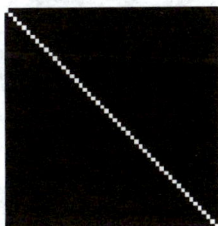

图 1.2　图像与像素

1.2　数字图像处理发展概述

数字图像处理出现于 20 世纪 50 年代,当时电子计算机已经发展到一定水平,人们可利用计算机来处理图像信息。

早期图像处理目的是改善图像的质量,进而改善视觉效果,常用的图像处理方法有图像增强、复原、编码、压缩等。

数字图像处理首次成功应用是在 1964 年，美国宇航局喷气推进实验室对"徘徊者 7号"探测器发来的几千张月球照片进行几何校正、灰度变换、去除噪声等。

1972 年，英国 EMI 公司工程师 Housfield 发明了用于头颅诊断的 X 射线计算机断层摄影装置，即 CT(Computer Tomograph)。CT 是根据人的头部截面的投影，经计算机处理来重建截面图像。

随着图像处理技术、计算机技术、人工智能和思维科学研究的深入发展，从 20 世纪 70 年代中期开始，数字图像处理向更高、更深层次发展。

我国在航空航天、工业、电子支付等方面成功应用了图像处理技术。

在航空航天领域，我国的"嫦娥工程"首次将月球背面的影像传回地球，这一伟大壮举增强了中华民族自豪感。"嫦娥工程"任务的完成，充分利用了图像处理及其他方面的技术。

"嫦娥一号"是我国首颗绕月人造卫星。该卫星的主要探测目标是：获取月球表面的三维立体影像；分析月球表面有用元素的含量和物质类型的分布特点；探测月壤厚度和地球至月球的空间环境。"嫦娥一号"所携带的干涉成像光谱仪、激光高度仪、CCD 立体相机共同完成了月球表面三维立体影像的获取工作。

"嫦娥二号"卫星是利用"嫦娥一号"备份星研制的。"嫦娥二号"的主要任务是获取更清晰、更详细的月球表面影像数据和月球极区表面数据，因此卫星上搭载的 CCD 立体相机的分辨率将更高，其他探测设备也将有所改进，为"嫦娥三号"实现月球软着陆进行部分关键技术试验，并对"嫦娥三号"着陆区进行高精度成像。

"嫦娥三号"搭载了一部由我国自主研制的"中华牌"月球车(见图 1.3)，并首次实现与月

图 1.3　"中华牌"月球车

球的零距离接触。"嫦娥三号"的任务是：突破月球软着陆、月面巡视勘察、月面生存、深空测控通信与遥操作、运载火箭直接进入地月转移轨道等关键技术，实现我国首次对地外天体的直接探测。"嫦娥三号"卫星着陆器上携带了近紫外月基天文望远镜、极紫外相机，巡视器上携带了测月雷达。"嫦娥三号"首次获得月球降落和巡视区的地形地貌和地质构造、矿物组成和化学成分等，同时首次实现月夜生存。

"嫦娥四号"是我国探月工程二期发射的月球探测器，也是人类第一个着陆月球背面的探测器，实现了人类首次月球背面软着陆和巡视勘察。

"嫦娥五号"是我国首个实施无人月面取样返回的月球探测器。"嫦娥五号"任务最重要的目标是"采样返回"。

"嫦娥六号"的任务是前往月球背面南极—艾特肯盆地，进行形貌探测和地质背景勘察等工作，发现并采集不同地域、不同年龄的月球样品。

我国一代代航天人不息奋斗、薪火相传，在航天道路上探索了 60 多年。回顾我国在太空遥感技术领域的快速发展，可感受到大国工匠精神。

在移动支付的应用中，二维码电子支付提升了支付的便利性，我国电子支付领先全球，这一优势提升了我们的民族自豪感。

1.3 图像处理的任务

原始图像可以来自多种信息源,它们可以是可见光图像,也可以是不可见的波谱图像、超声波图像或红外图像,如图 1.4 和图 1.5 所示。

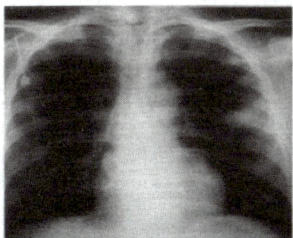

图 1.4 胸部 X 光片图像

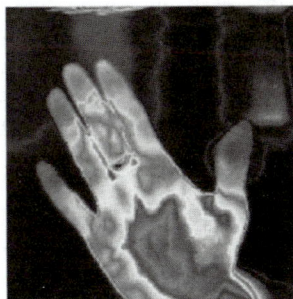

图 1.5 红外热像仪检测的手

将可见光图像、超声图像、红外图像、显微图像、航空照片、遥感图像、天文望远镜图像等转换为数字编码形式后,可用三维或二维数组表示,即数字图像。数字图像均可用计算机处理。

一般地,图像处理中需要完成以下一个或几个任务。

(1)提高图像的视觉质量以提供人眼主观满意或较满意的效果。例如,对图像进行亮度变换、彩色变换、几何变换等,从而增强或抑制某些特定成分,改善图像质量,如图 1.6 所示。

图 1.6 图像对比度增强示例

(2)提取图像中目标的某些特征,为后续图像分析提供便利,同时便于计算机分析或机器人识别。提取的特征可以有颜色特征、频域特征、纹理特征、边界特征等。

(3)为了存储和传输庞大的图像和视频信息,常常对图像进行有效的压缩。

(4)信息的可视化。

(5)信息安全的需要,主要反映在数字水印和图像信息隐藏方面。把水印信息可见或不可见地嵌入数字作品,可保护数字产品版权或完整性。在计算机通信、密码学等学科中,数字水印也有用武之地。

1.4 基本的图像处理系统

图像处理系统包括图像处理硬件系统和图像处理软件系统。

1.4.1 图像处理硬件系统

图像处理硬件系统主要包括图像输入设备、主机、图像存储设备和图像输出设备，如图 1.7 所示。

图像输入设备 → 图像存储设备（输入图像存储）→ 主机 → 图像存储设备（输出图像存储）→ 图像输出设备

图 1.7 图像处理硬件系统

1. 图像输入设备

图像输入设备完成将模拟光学图像转换成模拟电图像的过程。

数字化图像输入设备进一步将模拟电图像进行数字化处理，以便于存储介质存储和计算机处理。常见的图像输入设备有扫描仪、数码相机、摄像头和图像采集卡。

2. 主机

用于图像处理的主机一般性能要求比较高，需要具有高性能的处理器、足够的内存和较好的显卡。

3. 图像存储设备

为了适应图像的大数据量要求，输入图像、输出图像以及中间结果图像必须用大容量存储介质进行存储。常用的图像存储设备主要包括硬盘驱动器、固态硬盘和光盘等。

4. 图像输出设备

图像输出设备是计算机的重要组成部分，它包括显示设备和硬拷贝设备。它的任务是把计算机的处理结果或者中间结果以数字、字符或图像等多种媒体的形式表示出来。常见的图像输出设备有显示器、打印机等。

1.4.2 图像处理软件系统

图像处理软件系统包括设备驱动程序、操作系统、开发工具及应用程序，如图 1.8 所示。

1. 设备驱动程序

设备驱动程序主要指采集卡的驱动程序等。

2. 操作系统

PC 及兼容机一般使用 Microsoft Windows 操作系统。Apple Macintosh 机一般使用 macOS X 操作系统。图形工作站一般使用 UNIX 或 X Window 操作系统。

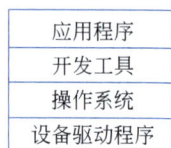

| 应用程序 |
| 开发工具 |
| 操作系统 |
| 设备驱动程序 |

图 1.8 图像处理软件系统

3. 开发工具

开发工具主要包括 VC++ 或 Python 面向对象可视化集成工具、MATLAB 的图像处理工具。

4. 应用程序

应用程序包括 Photoshop、CorelDRAW 和 ACDSee 等。

1.5　数字图像处理技术的应用

数字图像处理技术的应用已经渗透到众多领域,如航空航天领域的应用、生物医学领域的应用、通信领域的应用、工业领域的应用、军事和公安领域的应用、文化艺术领域的应用。

1.5.1　航空航天领域的应用

数字图像处理技术在航空航天领域的应用主要如下。

(1) 登月、火星图片处理。登月图片如图 1.9 所示。

(2) 飞机遥感、卫星遥感。遥感应用范围主要包括资源调查、地质勘探、土地测绘、气象监测、考古调查、环境监测、农作物估产等。遥感图片如图 1.10 所示。

(3) 气象预报。

图 1.9　登月图片

图 1.10　遥感图片

1.5.2　生物医学领域的应用

数字图像处理技术在生物医学领域的应用十分广泛,涉及临床诊断、治疗和病理研究,具有无创伤、快速、直观等优势。具体的应用如下。

(1) CT、MRI(核磁共振)、B 超、PET 图像的处理与分析。CT 图像如图 1.11 所示。

(2) 显微图像的处理与分析,如红细胞、白细胞、染色体的检测与分析。血细胞图像如图 1.12 所示。

(3) X 光片和心电图的处理与分析。

(4) 电子内窥镜图像的处理与分析。

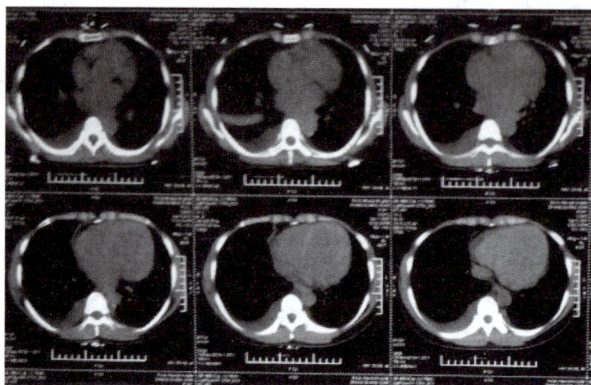

图 1.11 CT 图像

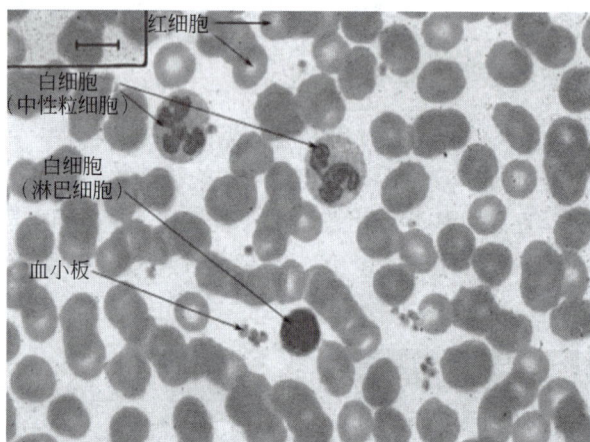

图 1.12 血细胞图像

1.5.3 通信领域的应用

当前通信的主要发展方向是声音、文字、图像和数据相结合的多媒体通信。因为图像数据量巨大，所以图像通信最为复杂和困难，必须采用编码技术压缩信息的比特量。

图像通信，特别是高清晰度的视频通信已成为实现多媒体通信的重要挑战，压缩编码技术是必须突破的关键技术之一。

按业务性能划分，图像通信分为传真、电视广播、可视电话、会议电视和图文电视等。腾讯会议如图 1.13 所示。按图像变换性质划分，图像通信分为静止图像通信和活动图像通信。

图 1.13 腾讯会议

1.5.4　工业领域的应用

在工业领域中,数字图像处理技术也有着广泛的应用,如工业生产中的焊接、装配,自动装配线中零件质量的检测、零件类型的分类,印制电路板的瑕疵检查,弹性力学图像的应力分析,流体力学图像的阻力和升力分析,邮政信件的自动分拣,有毒、放射性环境下工件形状和排列状态的识别,机器人视觉识别与理解等。

电路板焊点检测如图 1.14 所示,快递包裹识别如图 1.15 所示。

图 1.14　电路板焊点检测

图 1.15　快递包裹识别

1.5.5　军事和公安领域的应用

数字图像处理技术在军事领域的应用主要有导弹的精确制导,各种侦察照片的判读,飞机、坦克和军舰的模拟训练等。

数字图像处理技术在公安领域中,也发挥着重要的作用,如指纹识别、人脸鉴别、交通控制、事故分析、刑侦图像的判读分析,以及不完整图像的复原等。

目前已投入运行的高速公路不停车自动收费系统中的车辆和车牌的自动识别也是数字图像处理技术的成功应用。

车牌自动识别如图 1.16 所示。

图 1.16　车牌自动识别

1.5.6　文化艺术领域的应用

数字图像处理技术在文化艺术领域的贡献有目共睹，主要有动画制作、电影特效、广告设计、发型设计、服装设计、电视画面的数字编辑、电子游戏设计、纺织工艺设计、文物资料照片的修复、分形艺术等。

数字图像处理技术的研究和应用具有广阔的市场前景。智能图像信息处理新理论与新技术的研究与图像处理领域的标准化研究都具有较大的研究潜力。

习　题　一

1. 查阅数字图像处理技术在人工智能领域的应用。
2. 阅读数字图像处理技术综述方面的相关文献。

第2章

图像处理基础知识

数字图像处理是一门综合性学科,涉及物理、数学、电子、信息处理等多个领域。本章主要讲解与数字图像密切相关的基本概念和基本知识,主要包括视觉、色度学、图像数字化、图像表示及图像统计特征方面的知识。本章知识为后续图像处理相关知识的学习奠定了基础。

2.1 人类视觉与色度学基础

2.1.1 人类视觉

视觉是人类最重要的感觉,也是人类获取信息的主要来源。图像与其他的信息形式相比,具有直观、具体、生动等诸多显著的优点。

视觉系统有杆状细胞和锥状细胞两种感光细胞。

(1)杆状细胞为暗视器官。

(2)锥状细胞为明视器官,在照度足够高时起作用,并能分辨颜色。

锥状细胞大致将电磁光谱的可见光分为红、绿、蓝三个波段。这三种颜色被称为三基色。

彩色是光的一种属性,没有光就没有颜色。在光的照射下,人们通过眼睛感觉到各种物体的颜色,这些颜色都是人眼特性和物体客观特性的综合效果。

人类色觉的产生是一个复杂的过程。除了光源对眼睛的刺激,还需要人脑对光刺激的解释。

2.1.2 色度学基础

色度学:为进行图像的彩色分析,建立的研究彩色计量的学科。

色彩是光的物理属性和人眼的视觉属性的综合反映。人眼对发光体或不发光体的色彩感觉分别是不同光谱波长的辐射光或反射光刺激人眼视网膜内的感受器而使之兴奋的结果。

颜色的三种主观感觉:色调、饱和度和亮度。

(1)色调(Hue):从一个物体反射过来的或透过物体的光波长,是由颜色种类来辨别的,如红、橙、绿。

(2)饱和度(Saturation):即色纯度,指颜色的深浅,如深红和浅红。

（3）亮度（Brightness）：颜色的明暗程度，从黑到白，主要受光源强弱影响。

人感受到的物体颜色主要取决于反射光的特性。如果物体比较均衡地反射各种光谱，则看起来是白的；如果物体对某些光谱反射得较多，则看起来物体就呈现相对应的颜色。

由三基色混配各种颜色通常有两种方法：相加混色法和相减混色法。

（1）相加混色法：彩色电视机上的颜色。

（2）相减混色法：幻灯片、绘画原料。

相加混色法和相减混色法的主要区别：

（1）相加混色法是由发光体发出的光相加而产生的各种颜色，而相减混色法是先有白色光，然后从中减去某些成分（吸收）得到各种颜色。

（2）相加混色法的三基色是红、绿、蓝，这三种颜色也称为三原色。

（3）相减混色法的三基色是黄、青、品红。

（4）相加混色法的补色就是相减混色法的基色。

（5）相加混色法和相减混色法有不同的规律。

2.2 颜色模型

颜色分为非彩色和彩色。

非彩色为黑色、白色和各种深浅程度不同的灰度颜色。

任何彩色都可以由不同比例的三原色组合得到，即由红、绿、蓝三种颜色按照不同比例组合得到，如式（2.1）所示。

$$C = aR + bG + cB, \quad a,b,c \geqslant 0 \tag{2.1}$$

式中，C 为任意颜色，R 为红色，G 为绿色，B 为蓝色；a、b、c 为三种颜色的权值，取值为 $[0,1]$。

颜色示例如图 2.1 所示。

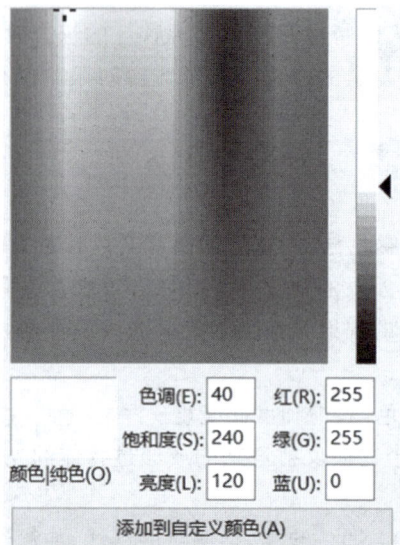

图 2.1　颜色示例

如果 a、b、c 三个值不完全相同,则生成彩色颜色;如果 a、b、c 三个值完全相同,则产生灰度颜色,如果 $a=b=c=0$ 则生成黑色,如果 $a=b=c=1$ 则生成白色。

颜色模型是为不同的研究目的确立的某种标准,并按这个标准用三原色表示颜色。一般情况下,一种颜色模型用一个三维坐标系统和系统中的一个子空间来表示,每种颜色都是这个子空间中的一个单点。

颜色模型有 RGB 模型、HSV 模型、HSI 模型、CMYK 模型和 YCbCr 模型等。

2.2.1 RGB 模型

RGB(Red、Green、Blue)模型通常用于彩色阴极射线管等显示设备中,彩色光栅图形的显示器都根据 R、G、B 数值来驱动 R、G、B 电子枪发射电子,分别激发荧光屏上的 R、G、B 三种颜色的荧光粉发出不同亮度的光线,通过相加混合产生各种颜色。

RGB 图像与相机传感器输出的原始数据相对应。

RGB 模型称为与设备相关的颜色模型,RGB 模型所覆盖的颜色域取决于显示设备荧光点的颜色特性,是与硬件相关的。

RGB 模型是使用最多、人们最熟悉的颜色模型。它采用三维直角坐标系。红、绿、蓝原色是加性原色,各个原色混合在一起可以产生复合色,如图 2.2 所示。

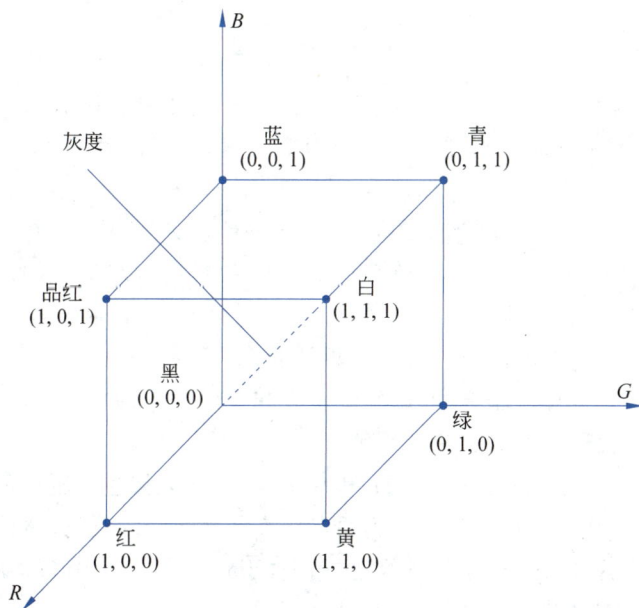

图 2.2 RGB 模型

RGB 模型通常采用如图 2.2 所示的单位立方体来表示。在立方体的主对角线上,各原色的强度相等,产生由暗到明的灰度颜色,也就是不同的灰度值。$(0,0,0)$ 为黑色,$(1,1,1)$ 为白色。立方体的其他 6 个角点分别为红、黄、绿、青、蓝和品红。

2.2.2　HSV 模型

HSV 图像则与人类的直观视觉更相符。

每一种颜色都是由色调（Hue，H）、饱和度（Saturation，S）和明度（Value，V）所表示，如图 2.3 所示。

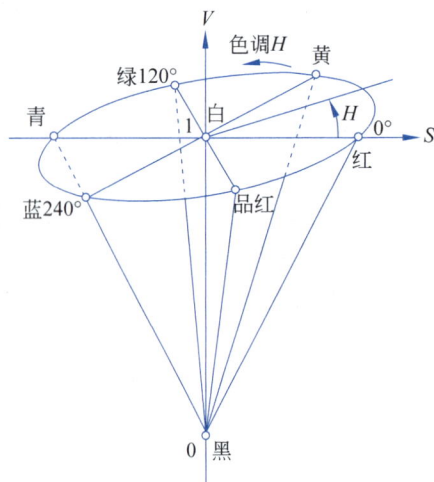

图 2.3　HSV 模型

HSV 模型对应圆柱坐标系中的一个圆锥形子集，圆锥的顶面对应 $V=1$。

色调 H 由绕 V 轴的旋转角给定。红色对应角度 $0°$，绿色对应角度 $120°$，蓝色对应角度 $240°$。

在 HSV 模型中，每一种颜色和它的补色相差 $180°$，黄色 $60°$，青色 $180°$，品红色 $300°$。

饱和度 S 取值从 0 到 1，所以圆锥顶面的半径为 1。饱和度是指图片彩色的纯度，图像的混合颜色越少，其饱和度越高，直观看起来就越鲜艳鲜明、视觉效果越强烈；反之，图像的混合颜色越多，其饱和度越低，视觉效果越弱。

例如纯红色的饱和度是最高的，即纯红色看起来最鲜艳；如果在纯红色中混入其他颜色，其饱和度将会降低，这时看起来就不鲜艳了。

在圆锥的顶点（即原点）处，$V=0$，H 和 S 无定义，代表黑色。圆锥的顶面中心处 $S=0$，$V=1$，H 无定义，代表白色。从该点到原点代表亮度渐暗的灰色，即具有不同灰度的灰色。V 的取值范围为 $0\sim1$，值越大表示越亮。对于这些点，$S=0$，H 的值无定义。可以说，HSV 模型中的 V 轴对应 RGB 颜色空间中的主对角线。

在圆锥顶面的圆周上的颜色，$V=1$，$S=1$，这种颜色是纯色。

HSV 模型对应画家配色的方法。画家用改变色浓和色深的方法从某种纯色获得不同色调的颜色，在一种纯色中加入白色以改变色浓，加入黑色以改变色深，同时加入不同比例的白色、黑色即可获得各种不同的色调。

1. RGB 转换为 HSV

设 (R,G,B) 分别是一个颜色的红、绿和蓝坐标，其值为 $0\sim1$ 的实数。

设 max 等于 R,G,B 中的最大者。

设 min 等于 R,G,B 中的最小者。

$$H = \begin{cases} 0°, & \max = \min \\ 60° \times \dfrac{G-B}{\max - \min} + 0°, & \max = R \text{ 且 } G \geqslant B \\ 60° \times \dfrac{G-B}{\max - \min} + 360°, & \max = R \text{ 且 } G < B \\ 60° \times \dfrac{B-R}{\max - \min} + 120°, & \max = G \\ 60° \times \dfrac{R-G}{\max - \min} + 240°, & \max = B \end{cases} \tag{2.2}$$

$$S = \begin{cases} 0, & \max = 0 \\ \dfrac{\max - \min}{\max} = 1 - \dfrac{\min}{\max}, & \text{其他} \end{cases}$$

$$V = \max$$

2. HSV 转换为 RGB

当 $0° \leqslant H < 360°, 0 \leqslant S \leqslant 1, 0 \leqslant V \leqslant 1$ 时,有

$$C = V \times S$$
$$X = C \times (1 - \lceil (H/60°) \bmod 2 - 1 \rceil)$$
$$m = V - C$$

$$(R',G',B') = \begin{cases} (C,X,0) & 0° \leqslant H < 60° \\ (X,C,0) & 60° \leqslant H < 120° \\ (0,C,X) & 120° \leqslant H < 180° \\ (0,X,C) & 180° \leqslant H < 240° \\ (X,0,C) & 240° \leqslant H < 300° \\ (C,0,X) & 300° \leqslant H < 360° \end{cases} \tag{2.3}$$

$$(R,G,B) = ((R'+m) \times 255, (G'+m) \times 255, (B'+m) \times 255)$$

hsv=rgb2hsv(rgb)将 RGB 图像的红色、绿色和蓝色值转换为 HSV 图像的色调、饱和度和明度值。

rgb=hsv2rgb(hsv)将 HSV 图像的色调、饱和度和明度值转换为 RGB 图像的红色、绿色和蓝色值。

例 2.1 将真彩色图像转换为 hsv 数组。

【解】 MATLAB 程序如下:

```
%创建一个 2×2 真彩色图像
rgb(:,:,1) = [1 1; 0 .5];
rgb(:,:,2) = [0 1; 0 .5];
rgb(:,:,3) = [0 0; 1 .5];
image(rgb);
```

```
%显示真彩色图像,如图 2.4 所示
%将该图像转换为 hsv 数组
hsv = rgb2hsv(rgb)
hsv(:,:,1) =
            0    0.1667
       0.6667        0
hsv(:,:,2) =
       1    1
       1    0
hsv(:,:,3) =
       1.0000    1.0000
       1.0000    0.5000
```

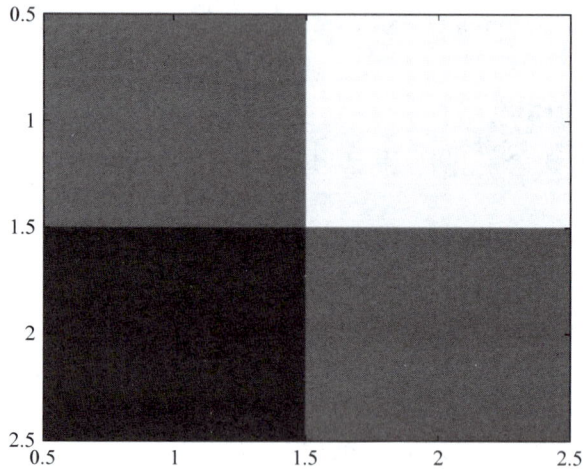

图 2.4　真彩色图像

例 2.2　将 hsv 矩阵转换为颜色图。

【解】　MATLAB 程序如下：

```
%创建一个三列 hsv 矩阵,用它指定五个蓝色梯度。在本例中,色调和明度不变,饱和度值在 0
%和 1 之间变化
hsv = [.6 1 1; .6 .7 1; .6 .5 1; .6 .3 1; .6 0 1];
%通过调用 hsv2rgb 将 hsv 矩阵转换为颜色图,然后在曲面图中使用该颜色图
rgb = hsv2rgb(hsv);
surf(peaks);
colormap(rgb);
colorbar
```

程序运行结果如图 2.5 所示。

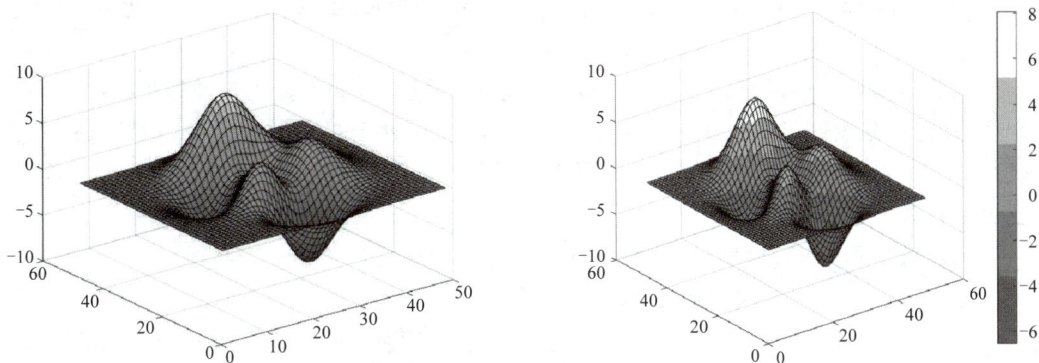

图 2.5　例 2.2 程序运行结果

例 2.3　将三维 hsv 数组转换为真彩色图像。

【解】　MATLAB 程序如下：

```
%创建一个 2×2×3 的 hsv 数组,用它指定四个蓝色梯度
hsv(:,:,1) = ones(2,2) * .6;
hsv(:,:,2) = [1 .7; .3 0];
hsv(:,:,3) = ones(2,2);
%使用 hsv2rgb 将三维 hsv 数组转换为真彩色图像,然后显示图像
rgb = hsv2rgb(hsv);
image(rgb);
```

程序运行结果如图 2.6 所示。

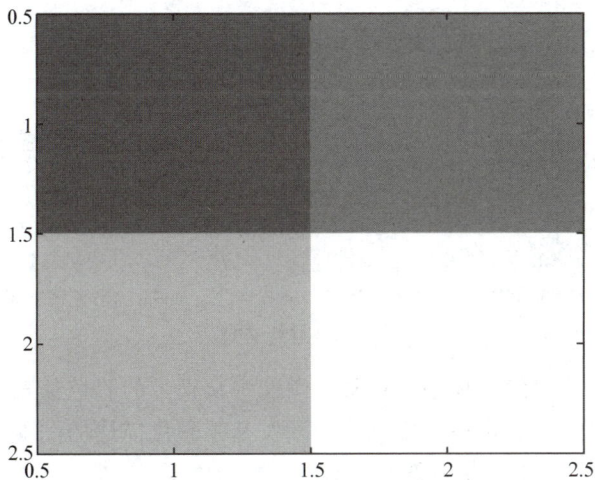

图 2.6　例 2.3 程序运行结果

2.2.3　HSI 模型

当人观察一个彩色物体时,用色调、饱和度、强度(亮度)来描述物体的颜色。HSI

（Hue-Saturation-Intensity(Lightness)，HSI 或 HSL）模型用 H、S、I 三个参数描述颜色特性。

　　色调是描述纯色（纯黄色、橘黄色或者红色）的属性；饱和度给出一种纯色被白光稀释程度的度量；强度（灰度）是单色图像最有用的描述子，这个量可以测量且很容易解释；亮度是一个主观的描述，实际上，它是不可以测量的，体现了无色的强度概念，并且是描述彩色感觉的关键参数。

　　HSI 模型和 HSV 模型类似，但也有不同之处。

　　（1）I 代表亮度，V 代表明度。

　　亮度和明度的区别是：一种纯色的亮度等于中度灰的亮度，明度等于白色的明度。换句话说，亮度值相对 0.5 处而言，明度值相对 1 处而言。

　　（2）HSI 模型是双锥形，中间最粗处亮度为 0.5；而 HSV 模型是倒锥形，最粗处明度为 1。

　　HSI 模型如图 2.7 所示。

　　I 是强度轴，色调 H 的角度范围为 $[0,360°]$，其中，纯红色的角度为 0°，纯绿色的角度为 120°，纯蓝色的角度为 240°。

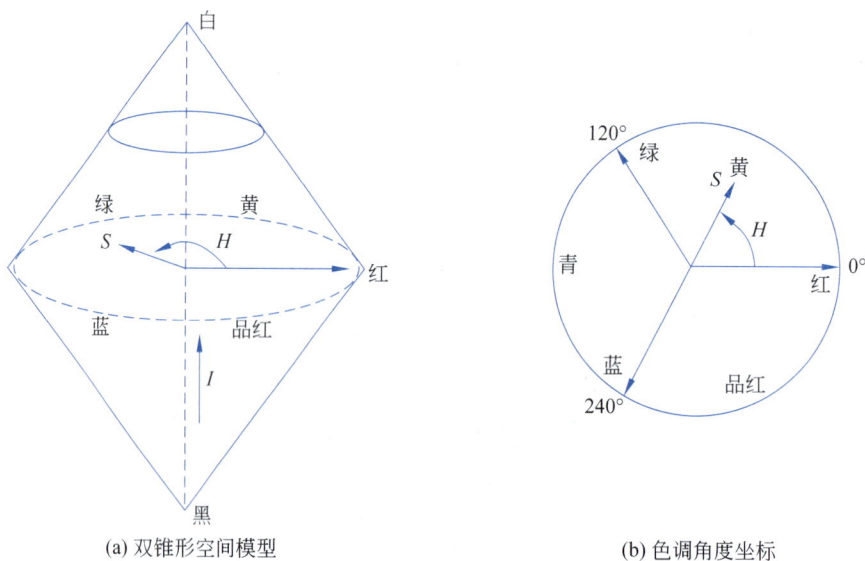

(a) 双锥形空间模型　　　　(b) 色调角度坐标

图 2.7　HSI 模型

　　HSI（色调、饱和度、强度）模型可在彩色图像中从携带的彩色信息（色调和饱和度）里消去强度分量的影响，这使得 HSI 模型成为开发基于彩色描述的图像处理方法的良好工具，而这种彩色描述对人来说是自然而直观的。

　　HSI 模型是美国色彩学家孟塞尔（H.A.Munseu）于 1915 年提出的，它反映了人的视觉系统感知彩色的方式。

　　HSI 模型的建立基于两个重要的事实：

　　（1）I 分量与图像的彩色信息无关。

（2）H 和 S 分量与人感受颜色的方式是紧密相连的。

这些特点使得 HSI 模型非常适合彩色特性检测与分析。

HSI 模型完全反映了人感知颜色的基本属性，与人感知颜色的结果一一对应，因此，HSI 模型被广泛应用于基于人的视觉系统的图像表示和处理系统中。

从 RGB 转换到 HSI，假设 R、G、B 取值范围为 $[0,1]$，转换公式如式（2.4）所示。

$$\begin{cases} I = \dfrac{1}{3}(R+G+B) \\ S = 1 - \dfrac{3}{R+G+B}\left[\min(R,G,B)\right] \\ H = \begin{cases} \theta, & B \leqslant G \\ 360° - \theta, & B > G \end{cases} \\ \theta = \arccos\left\{ \dfrac{[(R-G)+(R-B)]/2}{[(R-G)^2+(R-B)(G-B)]^{1/2}} \right\} \end{cases} \tag{2.4}$$

从 HSI 转换到 RGB 分 3 种情况，如式（2.5）、式（2.6）和式（2.7）所示。

（1）当 H 在 $[0°,120°)$ 区间时，转换公式如式（2.5）所示。

$$\begin{cases} B = I(1-S) \\ R = I\left[1+\dfrac{S\cos H}{\cos(60°-H)}\right] \\ G = 3I - B - R \end{cases} \tag{2.5}$$

（2）当 H 在 $[120°,240°)$ 区间时，转换公式如式（2.6）所示。

$$\begin{cases} H = H - 120° \\ R = I(1-S) \\ G = I\left[1+\dfrac{S\cos H}{\cos(60°-H)}\right] \\ B = 3I - B - R \end{cases} \tag{2.6}$$

（3）当 H 在 $[240°,360°)$ 区间时，转换公式如式（2.7）所示。

$$\begin{cases} H = H - 240° \\ G = I(1-S) \\ B = I\left[1+\dfrac{S\cos H}{\cos(60°-H)}\right] \\ R = 3I - G - B \end{cases} \tag{2.7}$$

2.2.4 CMYK 模型

CMYK 是一种色彩模式，CMYK 是彩色印刷时采用的一种套色模式，利用色料的三原色混色原理，加上黑色油墨，共计四种颜色混合叠加，形成所谓的"全彩印刷"。四种颜色分别为：青色（C）、品红色（M）、黄色（Y）、黑色（K）。

此颜色模型使用相减混色法原理，先将光通到物体，再折射到人的眼中。C 的值为 $0\sim100\%$；M 的值为 $0\sim100\%$；Y 的值为 $0\sim100\%$；K 的值为 $0\sim100\%$。它们的值越大，色彩越暗；全为 100% 时，就为黑色；相反，全为 0 时，就为白色。这类似油墨，色彩越多，越暗；色彩越少，越亮。

印刷和计算机显示屏显示，分属两种不同的色彩模式（计算机显示屏为发光体，遵循 RGB"三原色光模式原理"；印刷为 CMY+K 油墨或墨水叠印、混色，遵循的是 CMY"色料的三原色原理"）；同时计算机显示屏各原色光色阶为 0～255，而一般油墨印刷各原色网点色阶为 0～100，两者产生的色彩数差距甚大，印刷厂一般都会强调不能以显示屏上所看到的色彩要求输出成品的色差。

RGB 与 CMYK 颜色空间的转换如式（2.8）和式（2.9）所示，其中 R、G、B 的值为 0～255，C、M、Y、K 的值为 0～1（100%）。

RGB 转换为 CMYK：

$$\begin{cases} R'=R/255 \\ G'=G/255 \\ B'=B/255 \\ K=1-\max(R',G',B') \\ C=(1-R'-K)/(1-K) \\ M=(1-G'-K)/(1-K) \\ Y=(1-B'-K)/(1-K) \end{cases} \tag{2.8}$$

CMYK 转换为 RGB：

$$\begin{cases} R=255\times(1-C)\times(1-K) \\ G=255\times(1-M)\times(1-K) \\ B=255\times(1-Y)\times(1-K) \end{cases} \tag{2.9}$$

2.2.5　YCbCr 模型

YCbCr 即 YUV，主要用于优化彩色视频信号的传输。与 RGB 视频信号传输相比，它最大的优点在于只需占用极少的频宽（RGB 要求三个独立的视频信号同时传输）。

Y 表示明亮度（Luminance 或 Luma）；U 和 V 表示色度（Chrominance 或 Chroma），用于描述影像色彩及饱和度，从而指定像素的颜色。

Cr 反映 RGB 输入信号红色部分与 RGB 信号亮度值之间的差异，Cb 反映 RGB 输入信号蓝色部分与 RGB 信号亮度值之间的差异。

采用 YUV 色彩空间的重要性是它的亮度信号 Y 和色度信号 U、V 是分离的。如果只有 Y 信号分量而没有 U、V 信号分量，那么这样表示的图像就是黑白灰度图像。彩色电视采用 YUV 色彩空间正是为了用亮度信号 Y 解决彩色电视机与黑白电视机的兼容问题，使黑白电视机也能接收彩色电视机信号。

YUV 模型来源于 RGB 模型，该模型的特点是将亮度和色度分离开，从而适合应用于图像处理领域。

YCbCr 模型来源于 YUV 模型，YCbCr 是 YUV 色彩空间的偏移版本。

在人脸检测中经常用到 YCbCr 空间。因为一般的图像都是基于 RGB 空间的，在 RGB 空间里人脸的肤色受亮度影响相当大，所以肤色点很难从非肤色点中分离出来，也就是说在此空间经过处理后，肤色点是离散的点，中间嵌有很多非肤色点，这为肤色区域标定(人脸标定等)带来了难题。如果把 RGB 空间转为 YCbCr 空间,可以忽略 Y(亮度)的影响,因为该空间受亮度影响很小,肤色会产生很好的类聚。这样就把三维的空间降为二维的 CrCb 空间,肤色点会形成一定的形状,如人脸区域会呈现出一个人脸的轮廓,手臂区域会呈现出一条手臂的形状,这对模式识别处理很有好处。根据经验,若某点的 Cr 和 Cb 值满足 $133 \leqslant Cr \leqslant 173, 77 \leqslant Cb \leqslant 127$,那么该点被认为是肤色点,其他的就为非肤色点。

YUV 和 YCbCr 对于数字电路而言:YUV 和 YCbCr 只是相差 128,YUV 没有负值,YCbCr 最高位为符号位,$U = Cr + 128$,$V = Cb + 128$。

2.3　图像数字化方法

图像数字化包括采样和量化两个过程。

(1) 采样:对空间连续坐标 (x, y) 的离散化。

(2) 量化:幅值 $f(x, y)$ 的离散化。

为了适应数字计算机的处理,必须对连续图像函数进行空间和幅值的数字化处理。

空间坐标 (x, y) 的数字化称为图像采样,而幅值的数字化称为灰度级量化,如图 2.8 和图 2.9 所示。

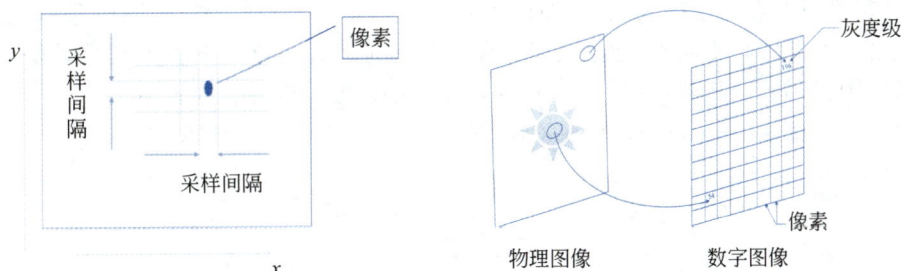

图 2.8　采样示例

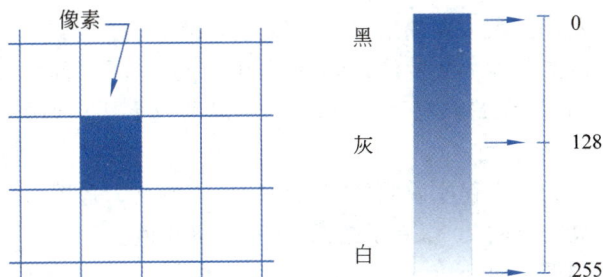

图 2.9　图像的数字化结果

经过数字化处理后的图像称为数字图像(或离散图像)。

采样和量化的结果是一个矩阵:一幅连续图像 $f(x, y)$ 被采样,则产生的数字图像有 M 行和 N 列。坐标 (x, y) 的值变成离散值,通常对这些离散坐标采用整数表示,如

图 2.10 所示。

　　在数字图像领域，将图像看作由许多大小相同、形状一致的像素组成。数字图像的基本单位是像素（pixel）。像素是在模拟图像数字化处理时，对连续空间进行离散化处理得到的。每个像素具有整数行和整数列的位置坐标，即数字图像以二维或三维矩阵的形式存储于计算机中。每个像素上的值代表图像在该位置的亮度，即色彩的深浅程度。

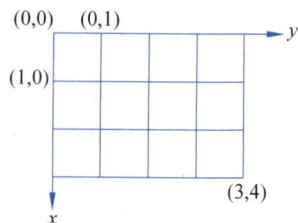

图 2.10　图像的坐标约定

2.4　数字图像表示方法

　　常见的数字图像类型有灰度图像、彩色图像、二值图像、索引图像。

2.4.1　灰度图像

　　灰度图像可以用式（2.10）表示：

$$I = f(x, y) \tag{2.10}$$

式中，(x, y) 表示像素的空间坐标，I 表示像素的灰度值。

　　图像阵列中每个元素都是离散值，称为像素（pixel）。在数字图像处理中，一般取阵列 N 和灰度级 G 都是 2 的整数幂，即取 $N = 2^n$ 及 $G = 2^m$。对一般电视图像，N 取 256 或 512，灰度级 G 取 64 级（$m = 6$ 位）至 256 级（$m = 8$ 位），即可满足图像处理的需要。对特殊要求的图像，如 SAR 图片取 $10\,000 \times 10\,000$，灰度级 m 取 8 位或者 16 位。

　　对连续图像 $f(x, y)$ 按等间隔采样，排成 $M \times N$ 阵列（一般取方阵列 $N \times N$），如式（2.11）所示。

$$f(x, y) = \begin{bmatrix} f(0,0) & f(0,1) & \cdots & f(0, N-1) \\ f(1,0) & f(1,1) & \cdots & f(1, N-1) \\ \vdots & \vdots & & \vdots \\ f(M-1, 0) & f(M-1, 1) & \cdots & f(M-1, N-1) \end{bmatrix} \tag{2.11}$$

其中，矩阵中的每个元素代表一个像素。

　　对于灰度图像，像素值称为灰度值，其取值范围为 $[0, 255]$ 区间的整数。其中，0 表示最低亮度（纯黑色），255 表示最高亮度（纯白色），中间的数字从小到大表示由黑到白的过渡色，图 2.11 为灰度图像示例。

　　例 2.4　利用 MATLAB 程序说明数字图像的量化特点。采用 rice.png 测试图像，计算图像的尺寸，取中央窗口的 20×20 子图像，显示其量化值。

　　【解】　MATLAB 程序如下：

```
w = 20;
I = imread('rice.png');
imshow(I);
s = size(I);                                    %图像尺寸
```

```
J = I(s(1)/2-w/2:s(1)/2+w/2-1,s(2)/2-w/2:s(2)/2+w/2-1);
figure
imshow(J);
```

(a) 灰度图像

	1	2	3	4	5	6	7	8	9	10	11	12	13
1	165	165	165	165	165	165	165	165	167	167	167	167	167
2	165	165	165	165	165	165	165	165	167	167	167	167	167
3	165	165	165	165	165	165	165	165	167	167	167	167	167
4	166	166	166	166	166	166	166	166	167	167	167	167	167
5	166	166	166	166	166	166	166	166	167	167	167	167	167
6	167	167	167	167	167	167	167	167	167	167	167	167	167
7	167	167	167	167	167	167	167	167	167	167	167	167	167
8	167	167	167	167	167	167	167	167	167	167	167	167	167
9	167	167	167	167	167	167	167	167	168	168	168	168	168
10	167	167	167	167	167	167	167	167	168	168	168	168	168
11	167	167	167	167	167	167	167	167	168	168	168	168	168
12	168	168	168	168	168	168	168	168	169	169	169	169	169
13	168	168	168	168	168	168	168	168	169	169	169	169	169
14	169	169	169	169	169	169	169	169	170	170	170	170	170
15	169	169	169	169	169	169	169	169	170	170	170	170	170
16	169	169	169	169	169	169	169	169	170	170	170	170	170
17	168	168	168	168	168	168	168	168	168	168	168	169	169

(b) 灰度图像矩阵

图 2.11　灰度图像示例

程序运行结果如图 2.12 所示。

(a) 数字图像

(b) 中央窗口的 20×20 子图像

图 2.12　例 2.4 程序运行结果

```
J =

    20×20 uint8 矩阵

    121    96   111   105   109   107   114   121   168   186   187   186   187   189   191   192   194   193   194   192
    107   101   104   109   101    98   107   102   119   140   178   189   186   185   185   186   186   189   192   192
    101   104    96   114   101   106   100   109   106   114   116   143   175   188   188   187   186   185   185   186
     97   102    96   109   100   103    95   106   100   105    98   104   107   124   156   183   189   187   186   183
    108   103   106    98   100   105   100   100   106   101    92   102   104   113   105   122   135   164   183   189
    113    98   111   101   107   105   108   103   107    99   110   107    98   105   103   110   100   109   114   134
    106   105   116   108   103    99   105    96   107    98   105    93   110   102   111   104    98   108   103   102
     93   101   103   101    95   102   100   107   110   101   108    97   107   100   106    97   104    96   104    96
     97    99    91   104   101   111    98   110    95   112    95    96   107   102   106    98   100    96   114    96
    108    99    97    96    90    99   100   110    97   116    99   100    91   100    94   122   109   101   102    97
    114    96   105   102   105    93   103   101   104   103   105    99    99   112    95   114    98   117    95   107
    104   101   109   102    98    94    97    97    99    93   102   100   103    95    96    98   101   114    98   104
    115    95    94   103   100   105    90    98   100    95   108    97   103    93    95    96   101    95    97    95
    105   104   100   107   112   103    93    99   102   104   108   106    96    95    95    92   103    94   104    93
    109    96   116   109   107   120   101   105    94   108   101    98    90   101    95   103   108   100   107    95
    105    97   107    99   119   111   103   105    97   104   101    95   102    96   109   103   104   102   104    97
    109    98    98    96   100   102   102    98   101    97    95   101   101    90    99   106   111   106    98   111
     94   109    95    99    98   100    98    91    93    97    94    96   124    93   119    93   101   103    96   100
     93   100   100   100    92    98   101   108   102    96    99   103    96   111    94   100    89    95    93
     88   100   100    98    98   108    92   116    95   106   100   104    93    97   103   100    94    95    95    91
```

(c) 子图像量化值

图 2.12   （续）

2.4.2　彩色图像

对于彩色图像,利用红、绿、蓝三基色的组合表示每个像素的颜色,即由红色分量、绿色分量和蓝色分量三个分量来表示,每个分量的取值是[0,255]区间的整数。

彩色图像的函数形式可以表示为

$$I = \{f_R(x,y), f_G(x,y), f_B(x,y)\} \tag{2.12}$$

式中,$f_R(x,y)$,$f_G(x,y)$和$f_B(x,y)$分别表示像素的红色分量、绿色分量和蓝色分量。

彩色图像可用一个三维矩阵或三个二维矩阵,即 R、G、B 表示,如图 2.13 所示。

例 2.5　读取陶瓷图像示例。

【解】　MATLAB 程序如下:

```
x=imread('ciqi.jpg');
y=rgb2gray(x);
subplot(1,2,1)
imshow(x)
subplot(1,2,2)
imshow(y)
```

程序运行后,变量 x、y 的信息如图 2.14 所示。图像处理结果如图 2.15 所示。

2.4.3　二值图像

二值图像:只有黑白两个灰度级,即像素灰度级非 1 即 0,0 表示黑色,1 表示白色。二值图像以每个像素 1 位二进制表示即可,因此减少了存储量。

图 2.16 为二值图像示例。

(a) 彩色图像

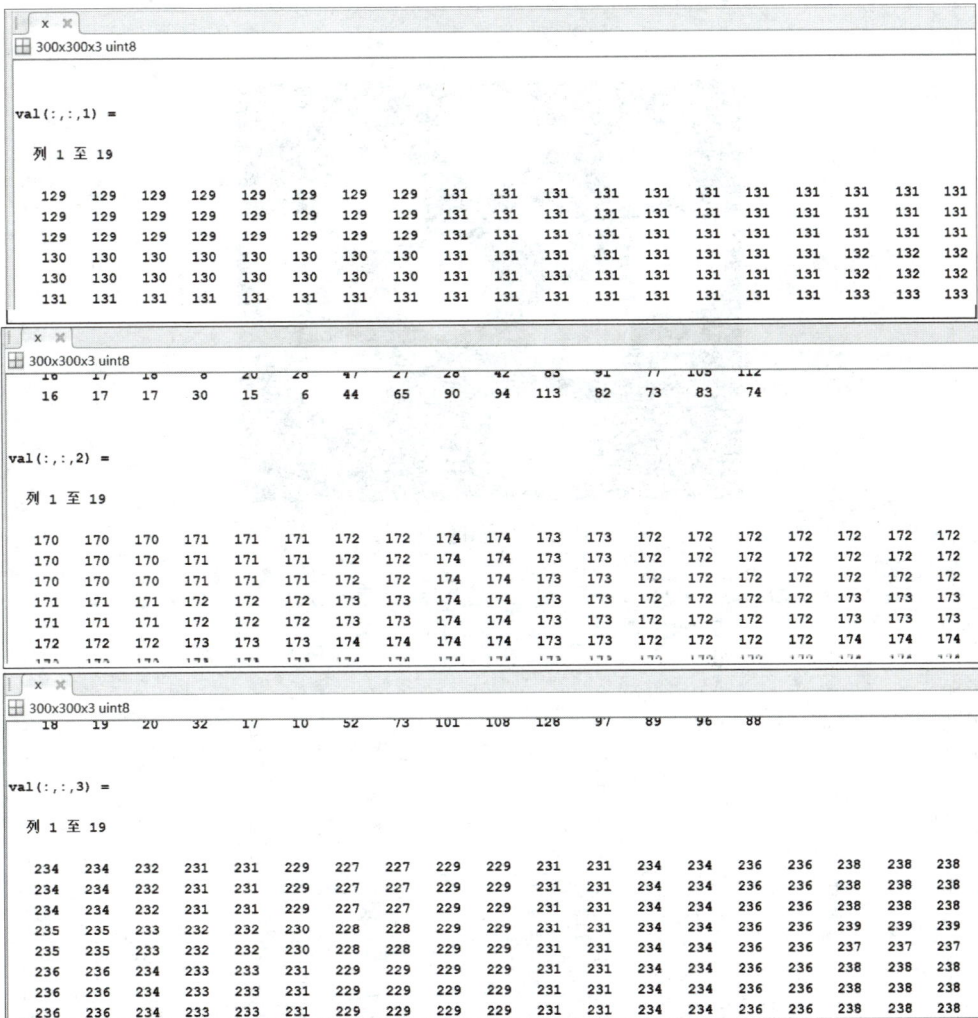

```
300x300x3 uint8

val(:,:,1) =

  列 1 至 19

  129  129  129  129  129  129  129  129  131  131  131  131  131  131  131  131  131  131  131
  129  129  129  129  129  129  129  129  131  131  131  131  131  131  131  131  131  131  131
  129  129  129  129  129  129  129  129  131  131  131  131  131  131  131  131  131  131  131
  130  130  130  130  130  130  130  130  131  131  131  131  131  131  131  131  132  132  132
  130  130  130  130  130  130  130  130  131  131  131  131  131  131  131  131  132  132  132
  131  131  131  131  131  131  131  131  131  131  131  131  131  131  131  131  133  133  133
```

```
300x300x3 uint8
   18   17   18    8   20   28   47   27   28   42   83   91   77  105  112
   16   17   17   30   15    6   44   65   90   94  113   82   73   83   74

val(:,:,2) =

  列 1 至 19

  170  170  170  171  171  171  172  172  174  174  173  173  172  172  172  172  172  172  172
  170  170  170  171  171  171  172  172  174  174  173  173  172  172  172  172  172  172  172
  170  170  170  171  171  171  172  172  174  174  173  173  172  172  172  172  172  172  172
  171  171  171  172  172  172  173  173  174  174  173  173  172  172  172  172  173  173  173
  171  171  171  172  172  172  173  173  174  174  173  173  172  172  172  172  173  173  173
  172  172  172  173  173  173  174  174  174  174  173  173  172  172  172  172  174  174  174
```

```
300x300x3 uint8
   18   19   20   32   17   10   52   73  101  108  128   97   89   96   88

val(:,:,3) =

  列 1 至 19

  234  234  232  231  231  229  227  227  229  229  231  231  234  234  236  236  238  238  238
  234  234  232  231  231  229  227  227  229  229  231  231  234  234  236  236  238  238  238
  234  234  232  231  231  229  227  227  229  229  231  231  234  234  236  236  238  238  238
  235  235  233  232  232  230  228  228  229  229  231  231  234  234  236  236  239  239  239
  235  235  233  232  232  230  228  228  229  229  231  231  234  234  236  236  237  237  237
  236  236  234  233  233  231  229  229  229  229  231  231  234  234  236  236  238  238  238
  236  236  234  233  233  231  229  229  229  229  231  231  234  234  236  236  238  238  238
  236  236  234  233  233  231  229  229  229  229  231  231  234  234  236  236  238  238  238
```

(b) 彩色图像矩阵

图 2.13　彩色图像示例

工作区			
名称	大小	字节	类
x	493x549x3	811971	uint8
y	493x549	270657	uint8

图 2.14　变量 x、y 的信息

(a) 彩色图像　　　　　　　　　　　(b) 灰度图像

图 2.15　图像处理结果

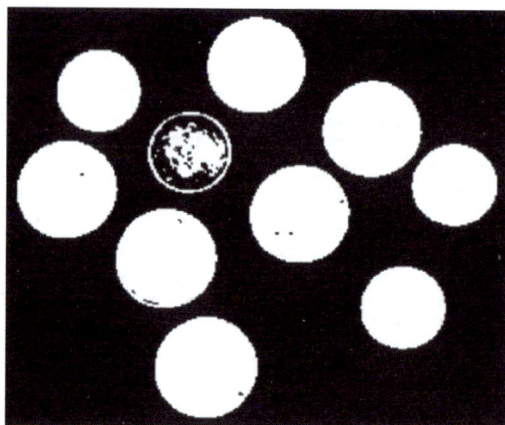

(a) 二值图像

	42	43	44	45	46	47	48	49	
16	0	0	0	0	0	0	0	0	0
17	0	0	0	0	0	0	0	0	0
18	0	0	0	0	0	0	0	0	0
19	0	0	0	0	0	0	0	0	0
20	0	0	0	0	0	0	0	0	0
21	0	0	0	0	0	0	0	0	0
22	0	0	0	0	0	0	0	0	0
23	0	0	0	0	0	0	0	0	0
24	0	0	0	0	0	0	0	0	0
25	0	0	0	0	0	0	0	0	0
26	0	0	0	0	0	0	0	0	0
27	0	0	0	0	0	0	0	0	1
28	0	0	0	0	0	1	1	1	1
29	0	0	0	1	1	1	1	1	1
30	0	1	1	1	1	1	1	1	1
31	1	1	1	1	1	1	1	1	1
32	1	1	1	1	1	1	1	1	1
33	1	1	1	1	1	1	1	1	1

(b) 二值图像矩阵

图 2.16　二值图像示例

2.4.4　索引图像

索引图像是一种把像素值直接作为RGB调色板下标的图像。索引图像可把像素值“直接映射”为调色板数值。

一幅索引图像包含一个数据矩阵x和一个调色板矩阵map，数据矩阵可以是uint8、uint16或双精度类型的，而调色板矩阵则是一个$m\times3$的双精度矩阵。

调色板通常与索引图像存储在一起，装载图像时，调色板将和图像一同自动装载。

例2.6　读取索引图像并显示。

【解】　MATLAB程序如下：

```
[x,map]=imread('kids.tif');
imshow(x,map)
```

程序运行后，索引图像如图2.17所示。索引图像数据矩阵与调色板矩阵如图2.18所示

工作区

名称 ▲	大小	字节	类
map	256x3	6144	double
x	400x318	127200	uint8

图2.17　索引图像

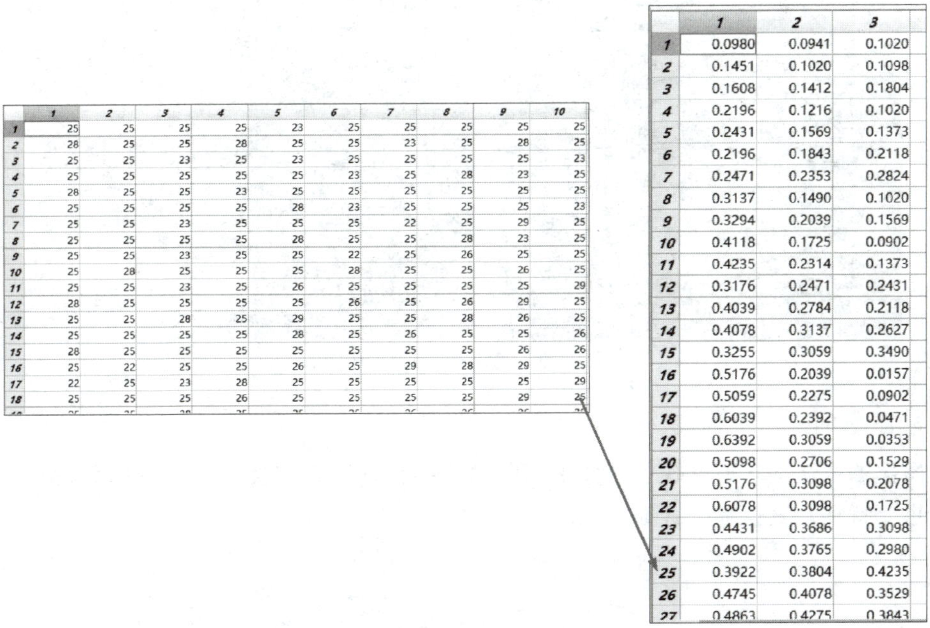

	1	2	3	4	5	6	7	8	9	10
1	25	25	25	25	23	25	25	25	25	25
2	28	25	25	28	25	25	23	25	28	25
3	25	25	23	25	23	25	25	25	25	23
4	25	25	25	25	25	23	25	28	23	25
5	28	25	25	23	25	25	25	25	25	25
6	25	25	25	25	28	23	25	25	25	23
7	25	25	23	25	25	25	22	25	29	25
8	25	25	25	25	28	25	25	28	23	25
9	25	25	23	25	25	22	25	26	25	25
10	25	28	25	25	25	28	25	25	26	25
11	25	25	23	25	26	25	25	25	25	29
12	28	25	25	25	25	26	25	26	29	25
13	25	25	28	25	29	25	25	28	26	25
14	25	25	25	25	28	25	26	25	25	26
15	28	25	25	25	25	25	25	25	26	26
16	25	22	25	25	26	25	29	28	29	25
17	22	25	23	28	25	25	25	25	25	29
18	25	25	25	26	25	25	25	25	29	25

	1	2	3
1	0.0980	0.0941	0.1020
2	0.1451	0.1020	0.1098
3	0.1608	0.1412	0.1804
4	0.2196	0.1216	0.1020
5	0.2431	0.1569	0.1373
6	0.2196	0.1843	0.2118
7	0.2471	0.2353	0.2824
8	0.3137	0.1490	0.1020
9	0.3294	0.2039	0.1569
10	0.4118	0.1725	0.0902
11	0.4235	0.2314	0.1373
12	0.3176	0.2471	0.2431
13	0.4039	0.2784	0.2118
14	0.4078	0.3137	0.2627
15	0.3255	0.3059	0.3490
16	0.5176	0.2039	0.0157
17	0.5059	0.2275	0.0902
18	0.6039	0.2392	0.0471
19	0.6392	0.3059	0.0353
20	0.5098	0.2706	0.1529
21	0.5176	0.3098	0.2078
22	0.6078	0.3098	0.1725
23	0.4431	0.3686	0.3098
24	0.4902	0.3765	0.2980
25	0.3922	0.3804	0.4235
26	0.4745	0.4078	0.3529
27	0.4863	0.4275	0.3843

图2.18　索引图像数据矩阵与调色板矩阵

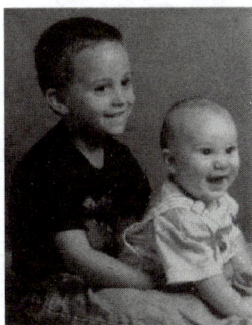

2.5　图像的统计特征

1. 图像大小

图像大小,即图像尺寸,即图像像素的行数和列数。在 MATLAB 中,使用 size 函数计算图像尺寸。

例 2.7　读取图像尺寸。

【解】　MATLAB 程序如下:

```
x=imread('cell.tif');
s1=size(x)
imshow(x)
y=imread('coloredChips.png');
s2=size(y)
figure
imshow(y)
```

程序运行结果如下:

```
s1 =
   159   191
s2 =
   391   518     3
```

程序运行后的图像如图 2.19 所示。

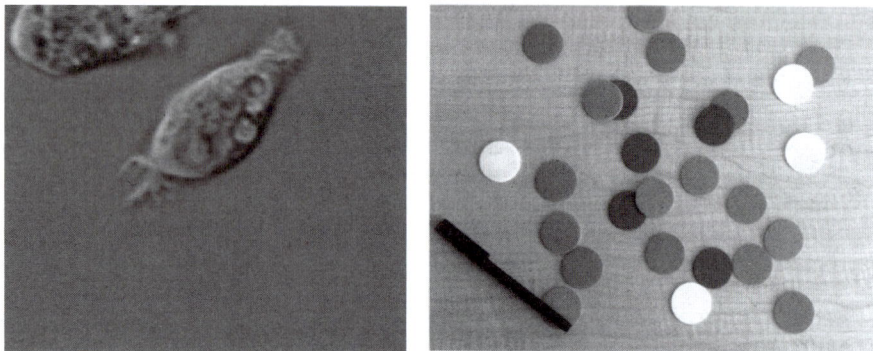

图 2.19　程序运行后的图像

2. 图像的灰度平均值

图像的灰度平均值反映了图像中不同物体的平均反射强度,是图像处理和分析中的一个重要特征。其运算公式如式(2.13)所示。

$$\bar{f} = \frac{1}{MN}\sum_{x=0}^{M-1}\sum_{y=0}^{N-1}f(x,y) \tag{2.13}$$

在 MATLAB 中,使用 mean2 函数计算图像的灰度平均值。

图像的灰度平均值,也称为灰度平均值或灰度均值,通过计算一幅图像中所有像素灰度值的算术平均值得到。这个值反映了图像在物体不同部分的平均反射强度,即图像的亮度。具体来说,如果图像的灰度平均值较高,说明图像的亮度较大;反之,则说明亮度较小。

例 2.8　利用两种方法计算图像的灰度平均值。

【解】　MATLAB 程序如下:

```
x=imread('cell.tif');
s=size(x);
y1=mean2(x)
y2=sum(sum(x))/(s(1) * s(2))
y1 =
        118.1697
y2 =
  118.1697
```

3. 图像协方差矩阵

协方差矩阵是两幅图像之间的相关程度的一种度量。协方差矩阵为 0 时,表明两幅图像之间不相关,反之表示两幅图像之间相互依赖。

其运算公式如式(2.14)所示。

$$C_{fg} = \frac{1}{MN}\sum_{x=0}^{M-1}\sum_{y=0}^{N-1}\left[f(x,y)-\bar{f}\right]\left[g(x,y)-\bar{g}\right] \tag{2.14}$$

在 MATLAB 中,使用 cov 函数计算图像协方差矩阵。

4. 图像方差

当两幅图像相同时,协方差矩阵即图像方差。

图像方差即图像标准差的平方,在 MATLAB 中,有三种方法可以求出图像方差。

(1) 使用 cov 函数计算 C_{ff}。

(2) 使用 var 函数计算。

(3) 使用标准差 std 的平方计算。

5. 相关系数(correlation coefficient)

相关系数是两幅图像相关性的一种度量,其值越接近 1,表示两幅图像的线性相关性越密切;其值越接近 0,表示两幅图像的线性相关性越不密切。其运算公式如式(2.15)所示。

$$r_{fg} = \frac{C_{fg}}{\sqrt{C_{ff}}\cdot\sqrt{C_{gg}}} \tag{2.15}$$

在 MATLAB 中,使用 corr2 函数计算两个灰度图像的相关系数。

习　题　二

1. 一般情况下，彩色图像在计算机中是以_____维矩阵存储的，占用_____二进制位；灰度图像在计算机中是以_____维矩阵存储的，占用_____二进制位；图像的数据类型为_____。

2. 相加混色法的三基色是_____、_____、_____，而相减混色法的三基色是_____、_____、_____。

3. 颜色的三种主观感觉是_____、_____和_____。

4. 为了适应数字计算机的处理，必须对连续图像函数进行空间和幅值数字化处理。空间坐标(x,y)的数字化称为图像_____，而幅值数字化称为灰度级_____。

5. 请使用 MATLAB 编写一段程序，此程序运行后显示 200 行 200 列图像，其中对角线上显示 4 个 50 行 50 列的彩色图像块。

6. 根据图像在计算机中的存储形式，同时结合数学知识，思考如何利用数学知识（如积分、差分等）对图像进行边缘检测、降噪处理、几何修正、图像分割等。

7. 编写程序实现 RGB 与 HSI 图像、RGB 与 CMYK 图像之间的相互转换。

第3章

图 像 变 换

在图像处理方面,经常对图像进行变换,图像变换的方法有傅里叶变换、离散余弦变换、离散沃尔什变换等,变换后的图像可获得更有效的处理。本章将重点介绍二维离散傅里叶变换及其性质,同时讲解离散余弦变换、离散沃尔什变换、离散哈达玛变换。

3.1　概　　述

设输入图像为 $f(x,y)$,对图像进行 φ 变换处理,输出图像为 $g(x,y)$,如图 3.1 所示。

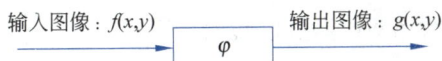

输入图像: $f(x,y)$　　　　　输出图像: $g(x,y)$

φ

图 3.1　用二维线性系统描述图像处理

输入和输出的关系表示式如式(3.1)所示。

$$g(x,y)=\varphi[f(x,y)] \tag{3.1}$$

数字图像处理的算法一般都为线性的,空间线性处理要比非线性处理简单。

3.2　傅里叶变换

3.2.1　连续傅里叶变换

图像变换是图像处理的一种有效工具,广泛应用于图像滤波、图像压缩与图像描述等领域。在变换域中,图像能量集中分布在低频分量上,边缘和细节信息分布在高频分量上,因此图像变换可以使图像处理问题得到简化,利于图像特征的提取。

傅里叶变换是指将非周期函数(在曲线有限的情况下)用正弦和余弦乘以加权函数的积分来表示,目的是将时域或空域上的信号转变为频域上的信号,随着域的不同,对同一个事务的了解角度也就随之改变,因此,在时域或空域中某些不好处理的信号,在频域可以较为简单地处理。

1. 一维连续傅里叶变换

若实变量函数 $f(x)$ 是绝对可积的,即 $\int_{-\infty}^{\infty}|f(x)|\mathrm{d}x<\infty$ 且 $F(u)$ 是可积的,则傅里叶变换对一定存在。

傅里叶正变换与反变换如式(3.2)所示。

$$\begin{cases} F(u)=\displaystyle\int_{-\infty}^{+\infty} f(x)\mathrm{e}^{-\mathrm{j}2\pi ux}\,\mathrm{d}x \\ f(x)=\displaystyle\int_{-\infty}^{+\infty} F(u)\mathrm{e}^{\mathrm{j}2\pi ux}\,\mathrm{d}u \end{cases} \tag{3.2}$$

上述变换中,利用了欧拉公式,欧拉公式如式(3.3)所示。

$$\mathrm{e}^{\mathrm{j}x}=\cos(x)+\mathrm{j}\sin(x) \tag{3.3}$$

如果 $f(x)$ 为实函数,则它的傅里叶变换通常是复数形式,如式(3.4)所示,同时可表示为幅值与相位形式,如式(3.5)、式(3.6)和式(3.7)所示。

$$F(u)=R(u)+\mathrm{j}I(u) \tag{3.4}$$

$$F(u)=|F(u)|\mathrm{e}^{\mathrm{j}\varphi(u)} \tag{3.5}$$

$$|F(u)|=\sqrt{R^2(u)+I^2(u)} \tag{3.6}$$

$$\varphi(u)=\arctan\left[\frac{I(u)}{R(u)}\right] \tag{3.7}$$

$|F(u)|$ 称为 $f(x)$ 的傅里叶谱或者频谱, $\varphi(u)$ 称为 $f(x)$ 的相位角。

傅里叶谱的平方称为能量谱或者功率谱,如式(3.8)所示。

$$E(u)=|F(u)|^2=R^2(u)+I^2(u) \tag{3.8}$$

例 3.1 $f(x)$ 是矩形窗函数(见图 3.2(a)):

$$f(x)=\begin{cases} A, & 0\leqslant x\leqslant X \\ 0 & x>X \end{cases}$$

求其傅里叶谱。

【解】 其傅里叶变换为

$$F(u)=\int_{-\infty}^{+\infty} f(x)\mathrm{e}^{-\mathrm{j}2\pi ux}\,\mathrm{d}x=\int_{0}^{X} A\,\mathrm{e}^{-\mathrm{j}2\pi ux}\,\mathrm{d}x$$

$$=\frac{-A}{\mathrm{j}2\pi u}\left[\mathrm{e}^{-\mathrm{j}2\pi ux}\right]_0^X=\frac{-A}{\mathrm{j}2\pi u}\left[\mathrm{e}^{-\mathrm{j}2\pi uX}-1\right]$$

$$=\frac{-A}{\mathrm{j}2\pi u}\left[\mathrm{e}^{-\mathrm{j}\pi uX}-\mathrm{e}^{\mathrm{j}\pi uX}\right]\mathrm{e}^{-\mathrm{j}\pi uX}=\frac{A}{\pi u}\sin(\pi uX)\mathrm{e}^{-\mathrm{j}\pi uX}$$

其傅里叶谱(见图 3.2(b))为

$$|F(u)|=\frac{A}{\pi u}|\sin(\pi uX)||\mathrm{e}^{-\mathrm{j}\pi uX}|$$

$$=AX\left|\frac{\sin(\pi uX)}{\pi uX}\right|$$

形如 $\frac{\sin z}{z}$ 的函数称为辛克函数,记为 $\mathrm{sinc}(z)$。

2. 二维连续傅里叶变换

若二变量函数 $f(x,y)$ 是绝对可积的,即 $\int_{-\infty}^{\infty}\int_{-\infty}^{\infty}|f(x,y)|\mathrm{d}x\mathrm{d}y<\infty$,且 $F(u,v)$ 是可积的,则傅里叶变换对一定存在,如式(3.9)所示。

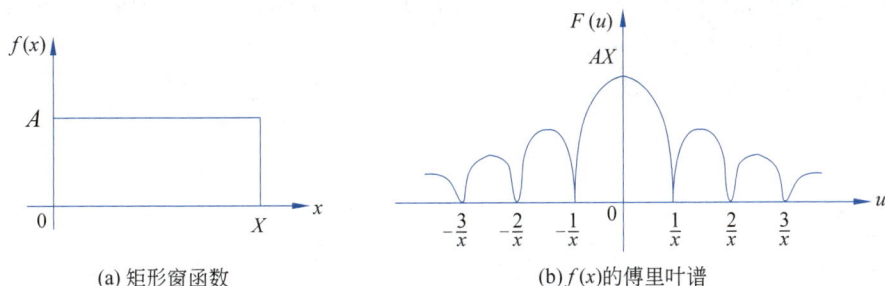

(a) 矩形窗函数　　　　　　　　　　(b) $f(x)$ 的傅里叶谱

图 3.2　一维傅里叶变换示例

$$\begin{cases} F\{f(x,y)\} = F(u,v) = \displaystyle\int_{-\infty}^{+\infty}\int_{-\infty}^{+\infty} f(x,y)\,\mathrm{e}^{-\mathrm{j}2\pi(ux+vy)}\,\mathrm{d}x\,\mathrm{d}y \\ F^{-1}\{F(u,v)\} = f(x,y) = \displaystyle\int_{-\infty}^{+\infty}\int_{-\infty}^{+\infty} F(u,v)\,\mathrm{e}^{\mathrm{j}2\pi(ux+vy)}\,\mathrm{d}u\,\mathrm{d}v \end{cases} \tag{3.9}$$

与一维情况类似,二维函数的傅里叶谱、相位和功率谱依次为 $|F(u,v)|$、$\varphi(u,v)$ 和 $E(u,v)$,如式(3.10)所示。

$$\begin{cases} |F(u,v)| = \left[R^2(u,v) + I^2(u,v)\right]^{1/2} \\ \varphi(u,v) = \arctan\left[\dfrac{I(u,v)}{R(u,v)}\right] \\ E(u,v) = R^2(u,v) + I^2(u,v) \end{cases} \tag{3.10}$$

例 3.2　二维函数:

$$f(x,y) = \begin{cases} A, & 0 \leqslant x \leqslant X, 0 \leqslant y \leqslant Y \\ 0 & x > X, y > Y \end{cases}$$

如图 3.3 所示,求其傅里叶谱。

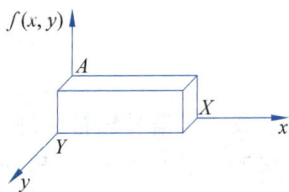

图 3.3　二维函数 $f(x,y)$

【解】　其二维傅里叶变换(计算可以直接利用一维傅里叶变换的结果)为

$$\begin{aligned} F(u,v) &= \int_{-\infty}^{+\infty}\int_{-\infty}^{+\infty} f(x,y)\,\mathrm{e}^{-\mathrm{j}2\pi(ux+vy)}\,\mathrm{d}x\,\mathrm{d}y \\ &= A\int_0^X \mathrm{e}^{-\mathrm{j}2\pi ux}\,\mathrm{d}x \int_0^Y \mathrm{e}^{-\mathrm{j}2\pi vy}\,\mathrm{d}y \\ &= AXY\left[\frac{\sin(\pi uX)\mathrm{e}^{-\mathrm{j}\pi uX}}{\pi uX}\right]\left[\frac{\sin(\pi vY)\mathrm{e}^{-\mathrm{j}\pi vY}}{\pi vY}\right] \end{aligned}$$

对应的傅里叶谱为

$$|F(u,v)| = AXY\left|\frac{\sin(\pi uX)}{\pi uX}\right|\left|\frac{\sin(\pi vY)}{\pi vY}\right|$$

例 3.3　在例 3.1 和例 3.2 中，当 $A=1$ 时，编写程序实现其相应的傅里叶变换，并进行傅里叶谱的图形可视化处理。

【解】　MATLAB 程序如下：

```
clear,clc,close all
n=0:300;
x=(n<21);
subplot(2,2,1)
plot(n,x)
f=fft(x);
f1=fftshift(f);
f2=abs(f1);
subplot(2,2,2)
plot(f2)
[h,w]=meshgrid(n);
y=zeros(301);
y(1:20,1:20)=1;
subplot(2,2,3)
mesh(h,w,y)
f2=fft2(y);
f21=fftshift(f2);
f22=abs(f21);
subplot(2,2,4)
mesh(f22)
```

程序运行结果如图 3.4 所示。

3.2.2　离散傅里叶变换

直接应用卷积和相关运算在空域中对信号进行处理，计算量大且费时，很难达到实时处理的要求。一般可采用离散傅里叶变换（Discrete Fourier Transform，DFT）方法将输入的数字图像信号首先进行离散傅里叶变换，在频域中进行各种有效的处理，然后进行离散傅里叶反变换，恢复为空域图像信号。

离散傅里叶变换在数字图像处理中应用十分广泛，它建立了离散空域和离散频域之间的联系。计算机对变换后的信号进行频域处理，比在空域中直接处理更加方便，计算量也大大减少，提高了处理速度。

离散傅里叶变换快速算法称为快速傅里叶变换（Fast Fourier Transform，FFT）。

1. 一维离散傅里叶变换

如果用 N 个间隔 Δx 取样增量的方法将一维连续函数 $f(x)$ 进行离散化处理，则 $f(x)$ 成为离散函数，可用如图 3.5 所示的序列 $\{f(x_0),f(x_0+\Delta x),f(x_0+2\Delta x),\cdots,f(x_0+(N-1)\Delta x)\}$ 表示，其可用式（3.11）表示。

$$f(x)=f(x_0+x\Delta x) \tag{3.11}$$

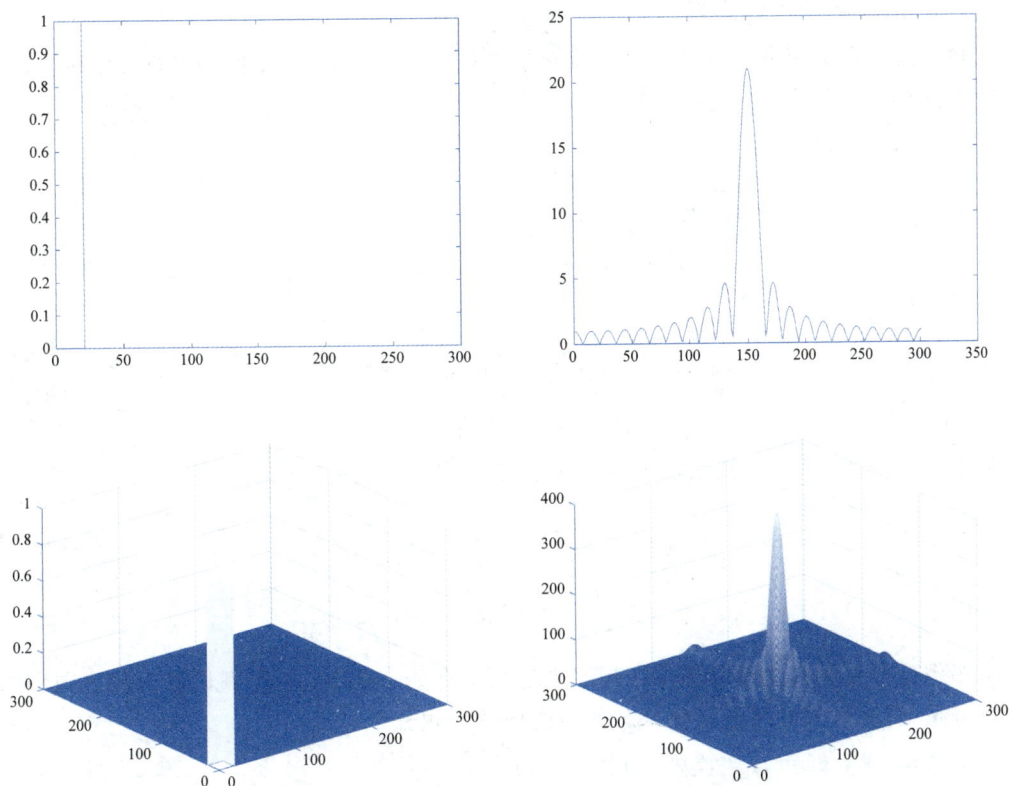

图 3.4　例 3.3 程序运行结果

式中，$x=0,1,2,\cdots,N-1$。

一维离散傅里叶变换对，正变换如式(3.12)所示。

$$F(u)=\sum_{x=0}^{N-1}f(x)\mathrm{e}^{-\mathrm{j}2\pi ux/N} \tag{3.12}$$

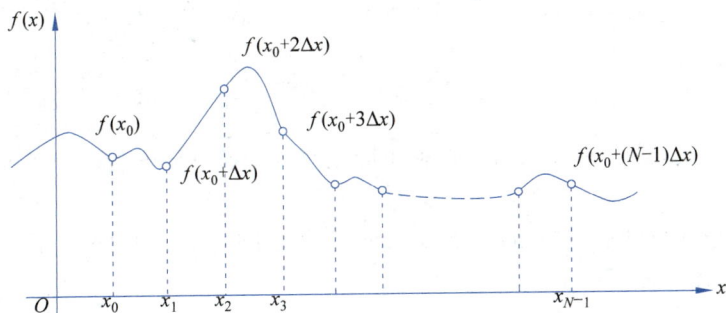

图 3.5　一维连续函数 $f(x)$ 的取样

反变换如式(3.13)所示。

$$f(x)=\frac{1}{N}\sum_{u=0}^{N-1}F(u)\mathrm{e}^{\mathrm{j}2\pi ux/N} \tag{3.13}$$

式中，$x,u=0,1,2,\cdots,N-1$。

2. 二维离散傅里叶变换

将一维离散傅里叶变换扩展到二维离散傅里叶变换，其中正变换如式(3.14)所示，反变换如式(3.15)所示。

正变换：

$$\begin{cases} F(u,v) = \sum\limits_{x=0}^{M-1} \sum\limits_{y=0}^{N-1} f(x,y) \mathrm{e}^{-\mathrm{j}2\pi(ux/M+vy/N)} \\ u=0,1,\cdots,M-1;v=0,1,\cdots,N-1 \end{cases} \tag{3.14}$$

反变换：

$$\begin{cases} f(x,y) = \dfrac{1}{MN} \sum\limits_{u=0}^{M-1} \sum\limits_{v=0}^{N-1} F(u,v) \mathrm{e}^{\mathrm{j}2\pi(ux/M+vy/N)} \\ x=0,1,\cdots,M-1;y=0,1,\cdots,N-1 \end{cases} \tag{3.15}$$

如果 $M=N$，则二维离散傅里叶变换如式(3.16)和式(3.17)所示。

$$F(u,v) = \sum_{x=0}^{N-1} \sum_{y=0}^{N-1} f(x,y) \mathrm{e}^{-\mathrm{j}2\pi(ux+vy)/N} \tag{3.16}$$

$$f(x,y) = \dfrac{1}{N^2} \sum_{u=0}^{N-1} \sum_{v=0}^{N-1} F(u,v) \mathrm{e}^{\mathrm{j}2\pi(ux+vy)/N} \tag{3.17}$$

图像信号变化的快慢与图像在频域中的频率有关。噪声、边缘、跳跃部分代表图像的高频分量，背景区域和缓慢变化部分代表图像的低频分量。

3. 二维离散傅里叶变换的性质

1）线性

设 a,b 为常量，二维离散傅里叶变换的线性性质如式(3.18)所示。

$$F\{af_1(x,y) + bf_2(x,y)\} = aF_1(u,v) + bF_2(u,v) \tag{3.18}$$

2）可分离性

二维离散傅里叶变换公式中的指数项是可分离的，如式(3.19)所示。

$$\begin{cases} F(u,v) = \sum\limits_{x=0}^{M-1} \mathrm{e}^{-\mathrm{j}2\pi ux/M} \times \sum\limits_{y=0}^{N-1} f(x,y) \mathrm{e}^{-\mathrm{j}2\pi vy/N} \\ f(x,y) = \dfrac{1}{MN} \sum\limits_{u=0}^{M-1} \mathrm{e}^{\mathrm{j}2\pi ux/M} \times \sum\limits_{v=0}^{N-1} F(u,v) \mathrm{e}^{\mathrm{j}2\pi vy/N} \end{cases} \tag{3.19}$$

可分离性的重要性：一个二维离散傅里叶正(反)变换可分解为两个一维离散傅里叶正(反)变换。

以二维离散傅里叶正变换为例，展现二维离散傅里叶变换的可分离性，如式(3.20)、式(3.21)和图3.6所示。

$$F(x,v) = \sum_{y=0}^{N-1} f(x,y) \mathrm{e}^{-\mathrm{j}2\pi vy/N} \tag{3.20}$$

二维变换可以通过先进行行变换再进行列变换两次一维变换来实现；当然也可先进行列变换再进行行变换来实现。

$$F(u,v) = \sum_{x=0}^{M-1} F(x,v) \mathrm{e}^{-\mathrm{j}2\pi ux/N} \tag{3.21}$$

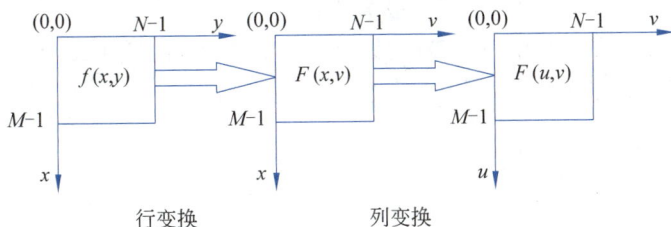

图 3.6　用两次一维离散傅里叶变换实现二维离散傅里叶变换

3）傅里叶变换对的平移性

$$f(x,y)e^{j2\pi(u_0x+v_0y)/N} \Leftrightarrow F(u-u_0,v-v_0) \tag{3.22}$$

$$f(x-x_0,y-y_0) \Leftrightarrow F(u,v)e^{-j2\pi(ux_0+vy_0)/N} \tag{3.23}$$

式(3.22)表示对空域图像进行调制,在频域只发生平移。

式(3.23)表示对空域图像原点进行平移,在频域只发生相移,傅里叶变换的幅值不变,如式(3.24)所示。

$$\mid F(u,v)e^{-j2\pi(ux_0+vy_0)/N} \mid = \mid F(u,v) \mid \tag{3.24}$$

图像 $f(x,y)$ 平移后,傅里叶谱不发生变化,仅有相位发生变化。

将 $F(u,v)$ 原点平移到 $(N/2,N/2)$,即 $u_0=v_0=N/2$ 时,式(3.22)可简化为式(3.25)。

$$
\begin{aligned}
f(x,y)&e^{j2\pi(u_0x+v_0y)/N}\\
&=f(x,y)e^{j2\pi\left(\frac{N}{2}x+\frac{N}{2}y\right)/N}\\
&=f(x,y)e^{j\pi(x+y)}=f(x,y)(-1)^{x+y} \Leftrightarrow F\left(u-\frac{N}{2},v-\frac{N}{2}\right)
\end{aligned} \tag{3.25}
$$

式(3.25)表明,当对空域图像 $f(x,y)(-1)^{x+y}$ 进行傅里叶变换时,频谱原点移到中心位置,便于频谱分析,如图 3.7 所示。

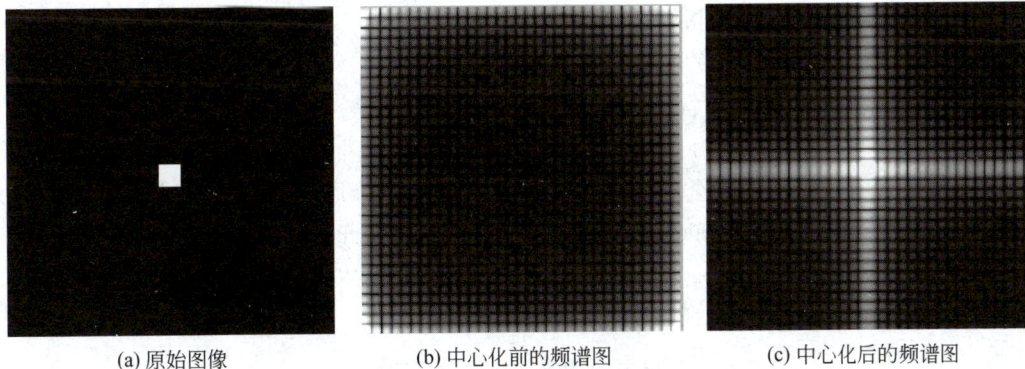

(a) 原始图像　　　　　　(b) 中心化前的频谱图　　　　　　(c) 中心化后的频谱图

图 3.7　图像频谱的中心化

4）周期性和共轭对称性

以一维情况为例说明周期性,如式(3.26)所示;共轭对称性如式(3.27)所示。

周期性:

$$F(u)=F(u+N) \tag{3.26}$$

共轭对称性:

$$| F(u) | = | F(-u) | \tag{3.27}$$

利用共轭对称性可将频谱$|F(u)|$的原点平移到 $N/2$，这样在$(0,N)$中可以完整地显示一个周期，如图 3.8 所示。

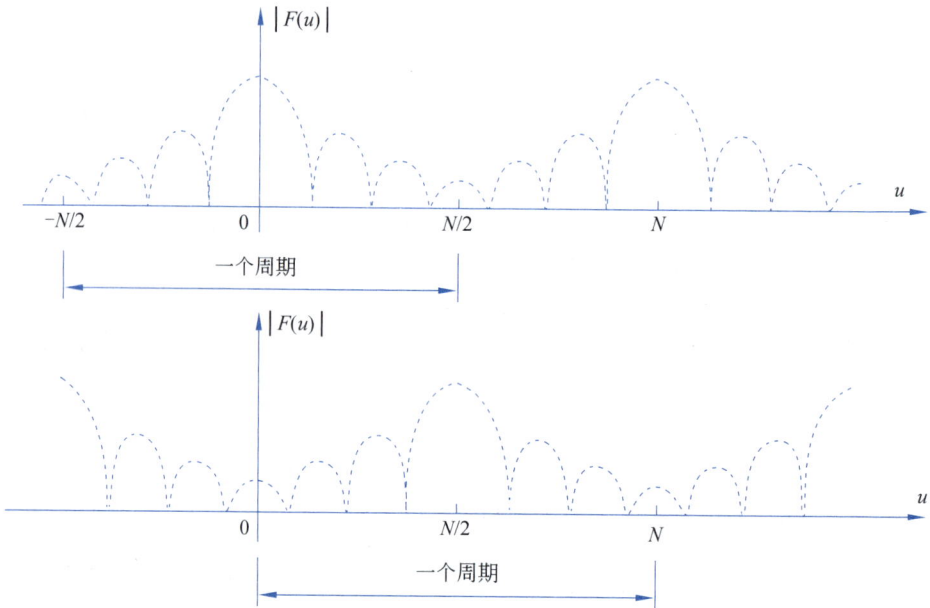

图 3.8 　周期性与共轭对称性

傅里叶变换的正反变换的周期性如式(3.28)所示。

$$\begin{cases} F(u,v) = F(u+aN,v+bN) \\ f(x,y) = f(x+aN,v+bN) \\ a,b = 0,\pm 1,\pm 2,\cdots,L \end{cases} \tag{3.28}$$

傅里叶变换的正反变换的共轭对称性如式(3.29)所示。

$$\begin{cases} F(u,v) = F^{*}(-u,-v) \\ | F(u,v) | = | F(-u,-v) | \end{cases} \tag{3.29}$$

周期性表明在频域中完全确定 $F(u,v)$，只需变换一个周期；共轭对称性说明变换后的幅值依原点对称，幅度谱$|F(u,v)|$关于原点对称，可据此减少计算量。

5）旋转不变性

引入极坐标，如式(3.30)所示。

$$\begin{cases} x = r\cos\theta \\ y = r\sin\theta \end{cases} \quad \begin{cases} u = \omega\cos\phi \\ v = \omega\sin\phi \end{cases} \tag{3.30}$$

则可以把 $f(x,y)$和 $F(u,v)$从直角坐标系变换到极坐标下，存在以下变换对，如式(3.31)所示。

$$f(r,\theta+\theta_0) \Leftrightarrow F(\omega,\phi+\theta_0) \tag{3.31}$$

式(3.31)表明，图像在空域旋转某一角度，在频域也相应旋转相同的角度。

例 3.4 　用 MATLAB 实现图像的傅里叶变换，为了增强显示效果，用对数对频谱的幅度进行压缩,然后将频谱幅度的对数值用 0～10 的值进行显示。

【解】 MATLAB 程序如下:

```
I = imread('pout.tif');
%读入图像
imshow(I);
%显示图像
F1 = fft2(I);
%计算二维傅里叶变换
figure, imshow(log(abs(F1)+1),[0 10]);
%显示对数变换后的频谱图
F2 = fftshift(F1);
%将直流分量移到频谱图的中心
figure, imshow(log(abs(F2)+1),[0 10]);
%显示对数变换后中心化的频谱图
```

程序运行结果如图 3.9 所示。

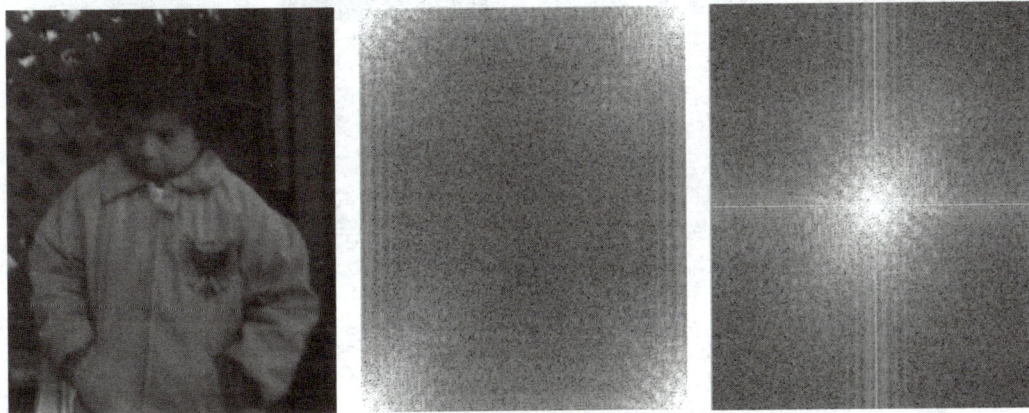

(a) 原始图像　　　　　(b) 图像的频谱图　　　　　(c) 中心化的频谱图

图 3.9 例 3.4 程序运行结果

例 3.5 对图像 tu1.png 进行傅里叶变换,将频谱原点移到中心位置,同时将图像 tu1.png 旋转 45°后再次进行傅里叶变换,并对该结果进行图形可视化处理。

【解】 MATLAB 程序如下:

```
x=imread('tu1.png');
y=rgb2gray(x);
subplot(1,4,1)
imshow(y)
f=fft2(y);
f1=fftshift(f);
```

```
subplot(1,4,2)
imshow(log(abs(f1)+1),[0,10])
y=imrotate(y,45,'crop');
subplot(1,4,3)
imshow(y)
f=fft2(y);
f1=fftshift(f);
subplot(1,4,4)
imshow(log(abs(f1)+1),[0,10])
```

图像在空域旋转 45°,在频域也相应旋转 45°,如图 3.10 所示。

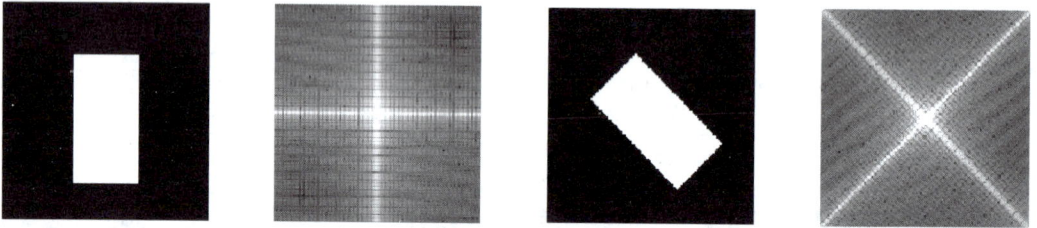

图 3.10　傅里叶变换的旋转不变性

傅里叶变换的旋转不变性可应用于海浪的波长及方向检测。

6）分配性和比例性

傅里叶变换的分配性与比例性分别如式(3.32)与式(3.33)所示。

$$\begin{cases} F\{f_1(x,y)+f_2(x,y)\}=F\{f_1(x,y)\}+F\{f_2(x,y)\} \\ F\{f_1(x,y)\cdot f_2(x,y)\}\neq F\{f_1(x,y)\}\cdot F\{f_2(x,y)\} \end{cases} \tag{3.32}$$

$$\begin{cases} af(x,y)\Leftrightarrow aF(u,v) \\ f(ax,by)\Leftrightarrow \dfrac{1}{|ab|}F\left(\dfrac{u}{a},\dfrac{v}{b}\right) \end{cases} \tag{3.33}$$

7）平均值

如果$(u,v)=(0,0)$,则离散傅里叶变换值 $F(0,0)$如式(3.34)所示。

$$F(0,0)=\sum_{x=0}^{M-1}\sum_{y=0}^{N-1}f(x,y)=\overline{f(x,y)} \tag{3.34}$$

$F(0,0)$称为频谱的直流分量,其他 $F(u,v)$值称为交流分量。频谱原点的傅里叶变换 $F(0,0)$等于空域图像的平均灰度级。

8）卷积定理

两个连续函数的卷积定义如式(3.35)所示。

$$f(x,y)*g(x,y)=\int_{-\infty}^{\infty}\int f(\alpha,\beta)g(x-\alpha,y-\beta)\mathrm{d}x\mathrm{d}y \tag{3.35}$$

卷积计算量较大,因此一般情况下,不直接进行卷积运算,而是处理后改为其他运算进而降低运算量,提高处理速度。

二维卷积定理如式(3.36)所示。

设

$$f(x,y) \Leftrightarrow F(u,v), g(x,y) \Leftrightarrow G(u,v)$$

则

$$f(x,y) * g(x,y) \Leftrightarrow F(u,v) \cdot G(u,v)$$

$$f(x,y) \cdot g(x,y) \Leftrightarrow F(u,v) * G(u,v) \tag{3.36}$$

离散形式的卷积定理(为了避免产生交叠误差,需进行延拓处理)如式(3.37)、式(3.38)与式(3.39)所示。

$$\begin{cases} f_e(x,y) * g_e(x,y) \Leftrightarrow F_e(u,v) \cdot G_e(u,v) \\ f_e(x,y) \cdot g_e(x,y) \Leftrightarrow F_e(u,v) * G_e(u,v) \end{cases} \tag{3.37}$$

其中

$$f_e(x,y) * g_e(x,y) = \sum_{m=0}^{M-1} \sum_{n=0}^{N-1} f_e(m,n) g(x-m, y-n) \tag{3.38}$$

$$f_e(x,y) = \begin{cases} f(x,y), & 0 \leqslant x \leqslant A-1, 0 \leqslant y \leqslant B-1 \\ 0, & A \leqslant x \leqslant M-1, B \leqslant y \leqslant N-1 \end{cases}$$

$$g_e(x,y) = \begin{cases} g(x,y), & 0 \leqslant x \leqslant C-1, 0 \leqslant y \leqslant D-1 \\ 0, & C \leqslant x \leqslant M-1, D \leqslant y \leqslant N-1 \end{cases} \tag{3.39}$$

$$x = 0,1,\cdots,M-1$$

$$y = 0,1,\cdots,N-1$$

其中,$*$表示卷积运算,$\cdot$表示点积运算。

9) 相关定理

类似卷积运算,对于二维连续函数 $f(x,y)$ 和 $g(x,y)$ 的相关定义如式(3.40)所示。

$$f(x,y) \circ g(x,y) = \int_{-\infty}^{\infty} \int f(\alpha,\beta) g(x+\alpha, y+\beta) \mathrm{d}\alpha \, \mathrm{d}\beta \tag{3.40}$$

相关定理如式(3.41)和式(3.42)所示。

连续形式:

$$\begin{cases} f(x,y) \circ g(x,y) \Leftrightarrow F(u,v) \cdot G^*(u,v) \\ f(x,y) \cdot g^*(x,y) \Leftrightarrow F(u,v) \circ G(u,v) \end{cases} \tag{3.41}$$

离散形式:

$$\begin{cases} f_e(x,y) \circ g_e(x,y) \Leftrightarrow F_e(u,v) \cdot G_e^*(u,v) \\ f_e(x,y) \cdot g_e^*(x,y) \Leftrightarrow F_e(u,v) \circ G_e(u,v) \end{cases} \tag{3.42}$$

其中,$\circ$表示相关运算,$\cdot$表示点积运算,上标 $*$ 表示共轭运算。

4. 二维离散傅里叶变换矩阵运算

由二维离散傅里叶变换的可分离性可知,二维离散傅里叶变换可以分解为两个一维离散傅里叶变换。根据二维离散傅里叶正变换与反变换公式,其可以书写为如式(3.43)所示的运算形式。

$$\begin{cases} F(u,v)=\sum_{x=0}^{M-1}\sum_{y=0}^{N-1}f(x,y)g(x,y,u,v) \\ f(x,y)=\sum_{u=0}^{M-1}\sum_{v=0}^{N-1}F(u,v)h(x,y,u,v) \end{cases} \tag{3.43}$$

其中，$x,u=0,1,\cdots,M-1;y,v=0,1,\cdots,N-1$。$g(x,y,u,v)$和$h(x,y,u,v)$分别称为正向变换核和反向变换核。

根据式(3.44)，可计算$g(x,y,u,v)$，如式(3.45)所示。

$$\begin{cases} F(u,v)=\sum_{x=0}^{M-1}e^{-j2\pi ux/M}\times\sum_{y=0}^{N-1}f(x,y)e^{-j2\pi vy/N} \\ f(x,y)=\dfrac{1}{MN}\sum_{u=0}^{M-1}e^{j2\pi ux/M}\times\sum_{v=0}^{N-1}F(u,v)e^{j2\pi vy/N} \end{cases} \tag{3.44}$$

$$g(x,y,u,v)=e^{-j2\pi ux/M}\times e^{-j2\pi vy/N} \tag{3.45}$$

由于二维离散傅里叶变换具有可分离性，所以$g(x,u)$如式(3.46)所示。

$$g(x,u)=e^{-j2\pi ux/M} \tag{3.46}$$

其他变换核计算类似上述计算。

如果$M=N$，利用$\boldsymbol{G}$表示变换核矩阵，则傅里叶正变换矩阵如式(3.47)所示。

$$\boldsymbol{F}=\boldsymbol{G}\times\boldsymbol{f}\times\boldsymbol{G}^{\mathrm{T}} \tag{3.47}$$

例 3.6　当$M=N=4$时，计算傅里叶变换核矩阵。

【解】

$$\begin{aligned} F(u,v)&=\sum_{x=0}^{M-1}\sum_{y=0}^{N-1}f(x,y)e^{-j2\pi(ux/M+vy/N)} \\ &=\sum_{x=0}^{M-1}e^{-j2\pi ux/M}\sum_{y=0}^{N-1}f(x,y)e^{-j2\pi vy/N} \\ &=\sum_{x=0}^{3}e^{-j\pi ux/2}\sum_{y=0}^{3}f(x,y)e^{-j\pi vy/2} \end{aligned}$$

可见当$M=N=4$时，变换核矩阵元素为

$$e^{-j\pi ux/2}$$

$$u,x=0,1,2,3$$

将其列为矩阵形式：

x	u			
	0	1	2	3
0	1	1	1	1
1	1	$-j$	-1	j
2	1	-1	1	-1
3	1	j	-1	$-j$

可见，当$M=N=4$，傅里叶变换核矩阵为对称矩阵。

例 3.7　计算图像 $\begin{bmatrix} 2 & 1 & 1 & 1 \\ 0 & 2 & 1 & 1 \\ 0 & 0 & 2 & 1 \\ 0 & 0 & 0 & 2 \end{bmatrix}$ 的傅里叶变换。

【解】

$$\boldsymbol{F} = \boldsymbol{G}f\boldsymbol{G}^{\mathrm{T}}$$

$$\boldsymbol{G} = \begin{bmatrix} 1 & 1 & 1 & 1 \\ 1 & -\mathrm{j} & -1 & \mathrm{j} \\ 1 & -1 & 1 & -1 \\ 1 & \mathrm{j} & -1 & -\mathrm{j} \end{bmatrix}$$

$$\boldsymbol{F} = \begin{bmatrix} 1 & 1 & 1 & 1 \\ 1 & -\mathrm{j} & -1 & \mathrm{j} \\ 1 & -1 & 1 & -1 \\ 1 & \mathrm{j} & -1 & -\mathrm{j} \end{bmatrix} \begin{bmatrix} 2 & 1 & 1 & 1 \\ 0 & 2 & 1 & 1 \\ 0 & 0 & 2 & 1 \\ 0 & 0 & 0 & 2 \end{bmatrix} \begin{bmatrix} 1 & 1 & 1 & 1 \\ 1 & -\mathrm{j} & -1 & \mathrm{j} \\ 1 & -1 & 1 & -1 \\ 1 & \mathrm{j} & -1 & -\mathrm{j} \end{bmatrix}$$

$$= \begin{bmatrix} 14 & -2+2\mathrm{j} & -2 & -2-2\mathrm{j} \\ 2-2\mathrm{j} & 0 & 0 & 6+2\mathrm{j} \\ 2 & 0 & 6 & 0 \\ 2+2\mathrm{j} & 6-2\mathrm{j} & 0 & 0 \end{bmatrix}$$

3.2.3　应用傅里叶变换应注意的问题

傅里叶变换尽管应用广泛，但有两个缺点。

(1) 进行算术运算，计算比较费时，在实际应用中，可利用如沃尔什(Walsh)变换等替代。

(2) 图像的高频项衰减得很快，在频域显示不清楚，其解决方法为对其进行对数变换，如式(3.48)所示。

$$D(u,v) = \lg(1 + | F(u,v) |) \tag{3.48}$$

例 3.8　编写程序对图像进行傅里叶变换，同时显示其频谱图像与对数运算后的频谱图像。

【解】　MATLAB 程序如下：

```
clear,clc,close all
x=imread('tu1.png');
y=rgb2gray(x);
subplot(1,3,1)
imshow(y)
f=fft2(y);
f1=fftshift(f);
subplot(1,3,2)
```

```
imshow(abs(f1),[0,10])
subplot(1,3,3)
imshow(log(abs(f1)+1),[0,10])
```

程序运行结果如图 3.11 所示。

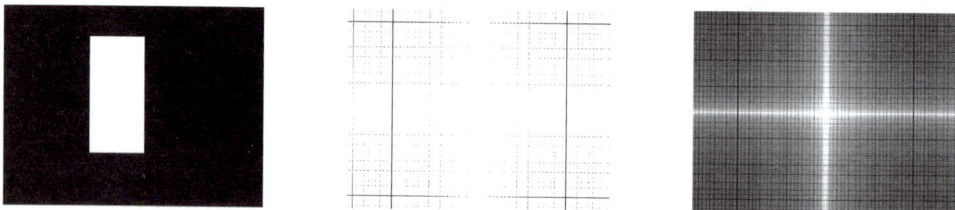

图 3.11   例 3.8 程序运行结果

3.3   离散余弦变换

离散余弦变换（Discrete Cosine Transform，DCT）是以一组不同频率和幅值的余弦函数和来近似一幅图像，实际上是傅里叶变换的实数部分。

在傅里叶变换过程中，若被展开的函数是实偶函数 $f(x)$，即 $f(x)=f(-x)$，则其傅里叶变换如式（3.49）所示。

$$
\begin{aligned}
F(u) &= \int_{-\infty}^{+\infty} f(x) e^{-j2\pi ux} \, dx \\
&= \int_{-\infty}^{+\infty} f(x)\cos(2\pi ux)dx - j \cdot \int_{-\infty}^{+\infty} f(x)\sin(2\pi ux)dx \\
&= \int_{-\infty}^{+\infty} f(x)\cos(2\pi ux)dx
\end{aligned}
\tag{3.49}
$$

如式（3.49）所示，实偶函数 $f(x)$ 傅里叶变换中只包含余弦项，基于傅里叶变换的这一特点，提出了离散余弦变换。

离散余弦变换有一个重要的性质，即对于一幅图像，其大部分可视化信息都集中在少数的变换系数上，因此，离散余弦变换经常用于图像压缩，例如国际压缩标准的 JPEG 格式就采用了离散余弦变换。

3.3.1   一维离散余弦变换

离散函数 $f(x)$ 的一维离散余弦变换如式（3.50）所示。

$$
F(u) = C(u)\sqrt{\frac{2}{N}} \sum_{x=0}^{N-1} f(x)\cos\left[\frac{(2x+1)\pi u}{2N}\right] \quad (x,u=0,1,2,\cdots,N-1)
\tag{3.50}
$$

一维离散余弦反变换如式（3.51）所示。

$$
f(x) = \sqrt{\frac{2}{N}} \sum_{u=0}^{N-1} C(u)F(u)\cos\left[\frac{(2x+1)\pi u}{2N}\right]
\tag{3.51}
$$

其中，$C(u) = \begin{cases} \dfrac{1}{\sqrt{2}}, & u = 0 \\ 1, & 1 \leqslant u \leqslant N-1 \end{cases}$。

3.3.2　二维离散余弦变换

如果 $f(x,y)$ 为 $M \times N$ 的图像，其二维离散余弦正变换如式(3.52)所示。

$$\begin{cases} F(u,v) = \dfrac{2}{\sqrt{MN}} \sum\limits_{x=0}^{M-1} \sum\limits_{y=0}^{N-1} f(x,y) C(u) C(v) \left[\cos \dfrac{(2x+1)\pi u}{2M} \right] \left[\cos \dfrac{(2y+1)\pi v}{2N} \right] \\ x,u = 0,1,\cdots,M-1; y,v = 0,1,\cdots,N-1 \end{cases}$$

$$\tag{3.52}$$

二维离散余弦反变换如式(3.53)所示。

$$f(x,y) = \dfrac{2}{\sqrt{MN}} \sum\limits_{u=0}^{M-1} \sum\limits_{v=0}^{N-1} F(u,v) C(u) C(v) \left[\cos \dfrac{(2x+1)\pi u}{2M} \right] \left[\cos \dfrac{(2y+1)\pi v}{2N} \right]$$

$$\tag{3.53}$$

如果 F 为频域数据矩阵，f 为空域数据矩阵，A 为余弦变换核矩阵，当 $M = N$ 时，A 矩阵如式(3.54)所示。

$$A = \sqrt{\dfrac{2}{N}} \begin{bmatrix} \dfrac{1}{\sqrt{2}} & \dfrac{1}{\sqrt{2}} & \cdots & \dfrac{1}{\sqrt{2}} \\ \cos \dfrac{\pi}{2N} & \cos \dfrac{3\pi}{2N} & \cdots & \cos \dfrac{(2N-1)\pi}{2N} \\ \vdots & \vdots & & \vdots \\ \cos \dfrac{(N-1)\pi}{2N} & \cos \dfrac{3(N-1)\pi}{2N} & \cdots & \cos \dfrac{(2N-1)(N-1)\pi}{2N} \end{bmatrix} \tag{3.54}$$

二维离散余弦正变换矩阵如式(3.55)所示。

$$F = AfA^{\mathrm{T}} \tag{3.55}$$

二维离散余弦反变换矩阵如式(3.56)所示。

$$f = A^{\mathrm{T}} FA \tag{3.56}$$

例 3.9　利用矩阵运算方法与程序运算方法对图像 f 进行二维离散余弦变换。

$$f = \begin{bmatrix} 1 & 2 & 2 & 1 \\ 1 & 2 & 2 & 1 \\ 1 & 2 & 2 & 1 \\ 1 & 2 & 2 & 1 \end{bmatrix}$$

【解】　矩阵运算方法：

$$N = 4$$

余弦变换核矩阵：

$$A = \sqrt{\frac{2}{N}} \begin{bmatrix} \frac{1}{\sqrt{2}} & \frac{1}{\sqrt{2}} & \cdots & \frac{1}{\sqrt{2}} \\ \cos\frac{\pi}{2N} & \cos\frac{3\pi}{2N} & \cdots & \cos\frac{(2N-1)\pi}{2N} \\ \vdots & \vdots & & \vdots \\ \cos\frac{(N-1)\pi}{2N} & \cos\frac{3(N-1)\pi}{2N} & \cdots & \cos\frac{(2N-1)(N-1)\pi}{2N} \end{bmatrix}$$

$$= \frac{1}{\sqrt{2}} \begin{bmatrix} \frac{1}{\sqrt{2}} & \frac{1}{\sqrt{2}} & \frac{1}{\sqrt{2}} & \frac{1}{\sqrt{2}} \\ \cos\frac{\pi}{8} & \cos\frac{3\pi}{8} & \cos\frac{5\pi}{8} & \cos\frac{7\pi}{8} \\ \cos\frac{2\pi}{8} & \cos\frac{6\pi}{8} & \cos\frac{10\pi}{8} & \cos\frac{14\pi}{8} \\ \cos\frac{3\pi}{8} & \cos\frac{9\pi}{8} & \cos\frac{15\pi}{8} & \cos\frac{21\pi}{8} \end{bmatrix}$$

二维离散余弦变换矩阵：

$$F = AfA^{\mathrm{T}} = \begin{bmatrix} 6 & 0 & -2 & 0 \\ 0 & 0 & 0 & 0 \\ 0 & 0 & 0 & 0 \\ 0 & 0 & 0 & 0 \end{bmatrix}$$

程序运算方法：

```
f=[1 2 2 1;1 2 2 1;1 2 2 1;1 2 2 1];
dct2(f)
ans =
    6.0000        0      -2.0000        0
    0             0        0            0
    0             0        0            0
    0             0        0            0
```

可见，矩阵运算方法与程序运算方法结果一致。同时可见，经二维离散余弦变换后，图像的能量集中于左上角，因此二维离散余弦变换可以用于图像压缩。

例3.10 对 autumn.tif 图像进行二维离散余弦变换，以对数形式显示其频谱，同时显示原始图像、二维离散余弦正变换与反变换后的图像。

【解】 MATLAB 程序如下：

```
clear,clc,close all
RGB = imread('autumn.tif');
%将图像读入工作区，然后将图像转换为灰度图像
I = im2gray(RGB);
```

```
J = dct2(I);
%使用 dct2 函数对灰度图像进行二维离散余弦变换
imshow(log(abs(J)),[])
%使用对数刻度显示变换后的图像。请注意,大部分能量在左上角
colormap parula
colorbar

J(abs(J) < 10) = 0;
 %将二维离散余弦变换矩阵中模小于 10 的值设置为零
K = idct2(J);
%使用逆二维离散余弦变换函数 idct2 重新构造图像
K = rescale(K);
%将值重新缩放至数据类型为 double 的图像的预期范围 [0, 1]
figure
montage({I,K})
%并排显示原始灰度图像和处理后的图像。处理后的图像具有较少的高频细节,例如树的纹理
title('Original Grayscale Image (Left) and Processed Image (Right)');
```

程序运行结果如图 3.12 和图 3.13 所示。

图 3.12　二维离散余弦变换频谱图

图 3.13　原始灰度图像和处理后的图像

在 MATLAB 中,rgb2gray 函数可将 RGB 图像或颜色图转换为灰度图像。im2gray 函数与 rgb2gray 函数基本相同,不同之处是它可以接收灰度图像作为输入并原样返回。如果输入图像是灰度图像,则 rgb2gray 函数返回错误。

3.4　离散沃尔什变换

傅里叶变换与离散余弦变换是基于复指数函数或余弦函数的变换，计算量较大。

图像处理中有些变换常常选用方波信号或者它的变形，比如离散沃尔什变换与离散哈达玛变换。

离散沃尔什变换（Discrete Walsh Transform，DWT）是一组矩形波，其取值为 1 和 -1，属于非正弦型的标准正交完备函数系。

由于其二值正交函数与数字逻辑中的两个状态相对应，所以非常便于计算机和数字信号处理器运算。

3.4.1　一维离散沃尔什变换

设 $N=2^n$，一维离散沃尔什变换如式(3.57)所示。

$$W(u)=\frac{1}{N}\sum_{x=0}^{N-1}f(x)\prod_{i=0}^{n-1}(-1)^{b_i(x)b_{(n-1-i)}(u)}$$

$$x,u=0,1,2,\cdots,N-1 \tag{3.57}$$

后一部分为沃尔什变换核，如式(3.58)所示。

$$g(x,u)=\frac{1}{N}\prod_{i=0}^{n-1}(-1)^{b_i(x)b_{(n-1-i)}(u)} \tag{3.58}$$

其中，$b_k(I)$ 是 I 的二进制表示的第 k 位值。

例如，当 $n=3$，$N=2^n=8$ 时，若 $I=6$（二进制是 110），则

$$b_2(I)=1,\ b_1(I)=1,\ b_0(I)=0$$

当 $n=1,2,3$，$N=2,4,8$ 时，$b_k(I)$ 的值如表 3.1 所示。

表 3.1　当 $n=1,2,3$，$N=2,4,8$ 时，$b_k(I)$ 的值

N	2 (n=1)		4 (n=2)				8 (n=3)							
I	0	1	0	1	2	3	0	1	2	3	4	5	6	7
I 的二进制表示	0	1	00	01	10	11	000	001	010	011	100	101	110	111
$b_0(I)$	0	1	0	1	0	1	0	1	0	1	0	1	0	1
$b_1(I)$			0	0	1	1	0	0	1	1	0	0	1	1
$b_2(I)$							0	0	0	0	1	1	1	1

一维离散沃尔什反变换核如式(3.59)所示。

$$h(x,u)=\prod_{i=0}^{n-1}(-1)^{b_i(x)b_{(n-1-i)}(u)} \tag{3.59}$$

一维离散沃尔什反变换如式(3.60)所示。

$$f(x)=\sum_{u=0}^{N-1}W(u)\prod_{i=0}^{n-1}(-1)^{b_i(x)b_{(n-1-i)}(u)} \tag{3.60}$$

例 3.11　求 $N=4$ 时的沃尔什变换核矩阵元素。

【解】

$$W(0) = \frac{1}{4}\sum_{x=0}^{3}\left[f(x)\prod_{i=0}^{1}(-1)^{b_i(x)b_{1-i}(0)}\right] = \frac{1}{4}[f(0)+f(1)+f(2)+f(3)]$$

$$W(1) = \frac{1}{4}\sum_{x=0}^{3}\left[f(x)\prod_{i=0}^{1}(-1)^{b_i(x)b_{1-i}(1)}\right] = \frac{1}{4}[f(0)+f(1)-f(2)-f(3)]$$

$$W(2) = \frac{1}{4}\sum_{x=0}^{3}\left[f(x)\prod_{i=0}^{1}(-1)^{b_i(x)b_{1-i}(2)}\right] = \frac{1}{4}[f(0)-f(1)+f(2)-f(3)]$$

$$W(3) = \frac{1}{4}\sum_{x=0}^{3}\left[f(x)\prod_{i=0}^{1}(-1)^{b_i(x)b_{1-i}(3)}\right] = \frac{1}{4}[f(0)-f(1)-f(2)+f(3)]$$

$$\downarrow$$

$$\begin{bmatrix} W(0) \\ W(1) \\ W(2) \\ W(3) \end{bmatrix} = \frac{1}{4}\begin{bmatrix} 1 & 1 & 1 & 1 \\ 1 & 1 & -1 & -1 \\ 1 & -1 & 1 & -1 \\ 1 & -1 & -1 & 1 \end{bmatrix}\begin{bmatrix} f(0) \\ f(1) \\ f(2) \\ f(3) \end{bmatrix}$$

$N=2,4,8$ 时的变换核矩阵如表 3.2 所示。

表 3.2　$N=2,4,8$ 时的变换核矩阵

N		2 (n=1)		4 (n=2)				8 (n=3)							
X		0	1	0	1	2	3	0	1	2	3	4	5	6	7
u	0	+	+	+	+	+	+	+	+	+	+	+	+	+	+
	1	+	−	+	+	−	−	+	+	+	+	−	−	−	−
	2			+	−	+	−	+	+	−	−	+	+	−	−
	3			+	−	−	+	+	+	−	−	−	−	+	+
	4							+	−	+	−	+	−	+	−
	5							+	−	+	−	−	+	−	+
	6							+	−	−	+	+	−	−	+
	7							+	−	−	+	−	+	+	−

+表示 1，−表示 −1，忽略了 $1/N$。

变换核是对称阵，其行和列是正交的。正反变换核只差一个常数项 $1/N$。

3.4.2　二维离散沃尔什变换

二维离散沃尔什正、反变换核如式(3.61)所示。

$$\begin{cases} g(x,y,u,v) = \dfrac{1}{N^2}\prod_{i=0}^{n-1}(-1)^{[b_i(x)b_{n-1-i}(u)+b_i(y)b_{n-1-i}(v)]} \\ h(x,y,u,v) = \prod_{i=0}^{n-1}(-1)^{[b_i(x)b_{n-1-i}(u)+b_i(y)b_{n-1-i}(v)]} \end{cases} \tag{3.61}$$

二维离散沃尔什正、反变换如式(3.62)所示。

$$\begin{cases} W(u,v) = \dfrac{1}{N^2}\displaystyle\sum_{x=0}^{N-1}\sum_{y=0}^{N-1} f(x,y)\prod_{i=0}^{n-1}(-1)^{[b_i(x)b_{n-1-i}(u)+b_i(y)b_{n-1-i}(v)]} \\ f(x,y) = \displaystyle\sum_{u=0}^{N-1}\sum_{v=0}^{N-1} W(u,v)\prod_{i=0}^{n-1}(-1)^{[b_i(x)b_{n-1-i}(u)+b_i(y)b_{n-1-i}(v)]} \end{cases} \tag{3.62}$$

沃尔什变换核是可分离的和对称的，因而二维变换也可分成两次一维变换来实现。

二维离散沃尔什变换的矩阵表示如式(3.63)所示。

$$\begin{cases} \boldsymbol{W} = \dfrac{1}{N^2}\boldsymbol{G}\boldsymbol{f}\boldsymbol{G}^{\mathrm{T}} \\ \boldsymbol{f} = \boldsymbol{G}\boldsymbol{W}\boldsymbol{G}^{\mathrm{T}} \end{cases} \tag{3.63}$$

$\boldsymbol{G}$ 为 N 阶沃尔什变换核矩阵。

例 3.12　利用 MATLAB 程序求图像 $\boldsymbol{f}$ 的二维离散沃尔什变换，并反求 $\boldsymbol{f}$。

$$\boldsymbol{f} = \begin{bmatrix} 2 & 5 & 5 & 2 \\ 3 & 3 & 3 & 3 \\ 3 & 3 & 3 & 3 \\ 2 & 5 & 5 & 1 \end{bmatrix}$$

【解】　$\boldsymbol{W} = \dfrac{1}{N^2}\boldsymbol{G}\boldsymbol{f}\boldsymbol{G}^{\mathrm{T}}$

利用 MATLAB 程序求解 $\boldsymbol{W}$。

```
f = [2 5 5 2; 3 3 3 3; 3 3 3 3; 2 5 5 1];
G = [1 1 1 1; 1 1 -1 -1; 1 -1 1 -1; 1 -1 -1 1];
W = (1/16) * G * f * G
f = G * W * G
```

运行结果如下：

```
W =
    3.1875    0.0625   -0.8125    0.0625
    0.0625   -0.0625    0.0625   -0.0625
    0.1875    0.0625   -0.8125    0.0625
    0.0625   -0.0625    0.0625   -0.0625
f =
    2    5    5    2
    3    3    3    3
    3    3    3    3
    2    5    5    1
```

例 3.13　一个二维数字图像信号的矩阵表示为

$$\boldsymbol{f} = \begin{bmatrix} 1 & 3 & 3 & 1 \\ 1 & 3 & 3 & 1 \\ 1 & 3 & 3 & 1 \\ 1 & 3 & 3 & 1 \end{bmatrix}$$

求此信号的二维离散沃尔什变换。

【解】

$$W = \frac{1}{N^2} GfG^{\mathrm{T}} = \frac{1}{16} GfG^{\mathrm{T}}$$

$$G = \begin{bmatrix} 1 & 1 & 1 & 1 \\ 1 & 1 & -1 & -1 \\ 1 & -1 & 1 & -1 \\ 1 & -1 & -1 & 1 \end{bmatrix}$$

$$W = \frac{1}{16} \begin{bmatrix} 1 & 1 & 1 & 1 \\ 1 & 1 & -1 & -1 \\ 1 & -1 & 1 & -1 \\ 1 & -1 & -1 & 1 \end{bmatrix} \begin{bmatrix} 1 & 3 & 3 & 1 \\ 1 & 3 & 3 & 1 \\ 1 & 3 & 3 & 1 \\ 1 & 3 & 3 & 1 \end{bmatrix} \begin{bmatrix} 1 & 1 & 1 & 1 \\ 1 & 1 & -1 & -1 \\ 1 & -1 & 1 & -1 \\ 1 & -1 & -1 & 1 \end{bmatrix} = \begin{bmatrix} 2 & 0 & 0 & -1 \\ 0 & 0 & 0 & 0 \\ 0 & 0 & 0 & 0 \\ 0 & 0 & 0 & 0 \end{bmatrix}$$

例 3.14　如二维数字图像信号是均匀分布的,即

$$f = \begin{bmatrix} 1 & 1 & 1 & 1 \\ 1 & 1 & 1 & 1 \\ 1 & 1 & 1 & 1 \\ 1 & 1 & 1 & 1 \end{bmatrix}$$

求此信号的二维离散沃尔什变换。

【解】

$$W = \frac{1}{N^2} GfG^{\mathrm{T}} = \frac{1}{16} GfG^{\mathrm{T}}$$

$$G = \begin{bmatrix} 1 & 1 & 1 & 1 \\ 1 & 1 & -1 & -1 \\ 1 & -1 & 1 & -1 \\ 1 & -1 & -1 & 1 \end{bmatrix}$$

$$W = \frac{1}{16} \begin{bmatrix} 1 & 1 & 1 & 1 \\ 1 & 1 & -1 & -1 \\ 1 & -1 & 1 & -1 \\ 1 & -1 & -1 & 1 \end{bmatrix} \begin{bmatrix} 1 & 1 & 1 & 1 \\ 1 & 1 & 1 & 1 \\ 1 & 1 & 1 & 1 \\ 1 & 1 & 1 & 1 \end{bmatrix} \begin{bmatrix} 1 & 1 & 1 & 1 \\ 1 & 1 & -1 & -1 \\ 1 & -1 & 1 & -1 \\ 1 & -1 & -1 & 1 \end{bmatrix} = \begin{bmatrix} 1 & 0 & 0 & 0 \\ 0 & 0 & 0 & 0 \\ 0 & 0 & 0 & 0 \\ 0 & 0 & 0 & 0 \end{bmatrix}$$

3.5　离散哈达玛变换

离散哈达玛变换(Discrete Hadamard Transform,DHT)本质上是一种特殊排序的离散沃尔什变换,不同之处仅是行的次序不一样。

离散哈达玛变换最大的优点是变换核矩阵具有简单的递推关系。

3.5.1　一维离散哈达玛变换

一维离散哈达玛变换核如式(3.64)所示。

$$g(x,u)=\frac{1}{N}(-1)^{\sum\limits_{i=0}^{n-1}b_i(x)b_i(u)} \tag{3.64}$$

式中，$N=2^n$；$x,u=0,1,2,\cdots,N-1$。$b_k(I)$ 是 I 的二进制表示的第 k 位。

对应的一维离散哈达玛正变换如式（3.65）所示。

$$H(u)=\frac{1}{N}\sum_{x=0}^{n-1}f(x)(-1)^{\sum\limits_{i=0}^{n-1}b_i(x)b_i(u)} \tag{3.65}$$

一维离散哈达玛反变换如式（3.66）所示。

$$f(x)=\sum_{u=0}^{N-1}H(u)(-1)^{\sum\limits_{i=0}^{n-1}b_i(x)b_i(u)} \tag{3.66}$$

哈达玛变换核矩阵具有简单的递推关系，如式（3.67）所示。

$$\boldsymbol{H}_{2N}=\begin{bmatrix}\boldsymbol{H}_N & \boldsymbol{H}_N \\ \boldsymbol{H}_N & -\boldsymbol{H}_N\end{bmatrix} \tag{3.67}$$

例 3.15　根据哈达玛变换核矩阵的递推关系，已知 $\boldsymbol{H}_2$，求 $\boldsymbol{H}_4$。

$$\boldsymbol{H}_2=\begin{bmatrix}1 & 1 \\ 1 & -1\end{bmatrix}$$

【解】　根据

$$\boldsymbol{H}_{2N}=\begin{bmatrix}\boldsymbol{H}_N & \boldsymbol{H}_N \\ \boldsymbol{H}_N & -\boldsymbol{H}_N\end{bmatrix}$$

$$\boldsymbol{H}_4=\begin{bmatrix}\boldsymbol{H}_2 & \boldsymbol{H}_2 \\ \boldsymbol{H}_2 & -\boldsymbol{H}_2\end{bmatrix}=\begin{bmatrix}1 & 1 & 1 & 1 \\ 1 & -1 & 1 & -1 \\ 1 & 1 & -1 & -1 \\ 1 & -1 & -1 & 1\end{bmatrix}$$

列率：在哈达玛核矩阵中，沿某一列符号改变的次数称为这个列的列率。

在哈达玛变换核矩阵中，列率存在一定的规律。

如果随着 u 的增加，列率也在增加，则称为定序哈达玛变换核。$N=8$ 时的定序哈达玛变换核如表 3.3 所示。

表 3.3　N＝8 时的定序哈达玛变换核

u/x	0	1	2	3	4	5	6	7
0	+	+	+	+	+	+	+	+
1	+	+	+	+	−	−	−	−
2	+	+	−	−	−	−	+	+
3	+	+	−	−	+	+	−	−
4	+	−	−	+	+	−	−	+
5	+	−	−	+	−	+	+	−
6	+	−	+	−	−	+	−	+
7	+	−	+	−	+	−	+	−

3.5.2　二维离散哈达玛变换

二维离散正、反哈达玛变换如式(3.68)所示。

$$\begin{cases} H(u,v) = \dfrac{1}{N^2} \displaystyle\sum_{x=0}^{N-1}\sum_{y=0}^{N-1} f(x,y)(-1)^{\sum_{i=0}^{n-1}[b_i(x)b_i(u)+b_i(y)b_i(v)]} \\ f(x,y) = \displaystyle\sum_{u=0}^{N-1}\sum_{v=0}^{N-1} H(u,v)(-1)^{\sum_{i=0}^{n-1}[b_i(x)b_i(u)+b_i(y)b_i(v)]} \end{cases} \tag{3.68}$$

同样哈达玛变换核是可分离的和对称的，二维变换可分成两次一维变换来实现，原理与离散沃尔什变换类似。

例 3.16　已知 2×2 哈达玛变换核矩阵，请根据哈达玛变换核矩阵的递推关系对图像 cameraman.tif 进行二维离散哈达玛变换，同时利用 MATLAB 内部函数对图像进行二维离散哈达玛变换，并比较两种处理方法的一致性。

【解】　MATLAB 程序如下：

```
clear,clc,close all
x=imread('cameraman.tif');
subplot(1,3,1)
imshow(x)
[m,n]=size(x);
x=double(x);
%根据递推关系
H2=[1,1;1 -1];
Hn=H2;
[a,b]=size(Hn);
while(a<m)
    Hn=[Hn Hn;Hn -Hn];
    [a,b]=size(Hn);
end
F=Hn * x * Hn/(m^2);
F=abs(F);
subplot(1,3,2)
imshow(F)

%利用内部函数
Hn1=hadamard(m);
F1=Hn1 * x * Hn1/(m^2);
F1=abs(F1);
subplot(1,3,3)
imshow(F1)

err=sum(sum(Hn1-Hn))
if err<10^(-10)
```

```
        disp('根据递推关系与利用内部函数两种处理方法结果一样。');
    else
        disp('不一致');
    end
```

程序运行结果如图 3.14 所示。

图 3.14　二维离散哈达玛变换结果对比（根据递推关系与利用内部函数）

具体数值运行结果如下：

```
err =
    0
```

根据递推关系与利用内部函数两种处理方法结果一样。
说明两种处理方法一致。

习　题　三

1. 计算图像

$$\begin{bmatrix} 0 & 0 & 0 & 0 \\ 2 & 2 & 2 & 2 \\ 2 & 2 & 2 & 2 \\ 0 & 0 & 0 & 0 \end{bmatrix}$$

的傅里叶变换。

2. 阅读图像正交变换技术相关文献。

3. 二维傅里叶变换的分离性有什么实际意义？

4. 图像处理中正交变换的目的是什么？图像变换主要用于哪些方面？

5. 在 MATLAB 环境中，实现一幅图像的傅里叶变换。

6. 求 $N=8$ 时的离散沃尔什变换核矩阵元素 $g(4,5)$ 和 $g(3,6)$。

7. 求 $N=8$ 时的离散哈达玛变换核矩阵元素 $H(6,5)$ 和 $H(1,7)$。

8. 求下列离散图像信号的二维离散沃尔什变换和二维离散哈达玛变换。

$$(1) \begin{bmatrix} 0 & 2 & 2 & 0 \\ 0 & 2 & 2 & 0 \\ 0 & 2 & 2 & 0 \\ 0 & 2 & 2 & 0 \end{bmatrix}, \quad (2) \begin{bmatrix} 0 & 0 & 4 & 4 \\ 0 & 0 & 4 & 4 \\ 0 & 0 & 4 & 4 \\ 0 & 0 & 4 & 4 \end{bmatrix}。$$

第 4 章

图 像 增 强

图像增强是根据特定的需要突出一幅图像中的某些信息,削弱或者去除不需要的信息。图像增强可以有选择性地突出图像的边缘、轮廓、对比度等特征,以便于显示、观察或进一步分析与处理。

图像增强利用一系列技术改善图像的视觉效果,提高图像的可懂度;或者将图像转换成一种更适合人或机器进行分析和处理的形式。

4.1 概　　述

图像增强的目的是使处理后的图像比原始图像更适合特定应用,因此图像增强的方法因应用不同而不同。

4.1.1 图像增强技术分类

图像增强技术分为空域增强和频域增强两类。

1.空域增强

空域增强是在空域中直接对图像中像素灰度值进行运算。

空域增强又分为点运算增强方法与区域增强方法。

设 $f(x,y)$ 是待增强的原始图像,$g(x,y)$ 是已增强的图像,$h(x,y)$ 是空间运算函数。

点运算增强方法(如线性变换、直方图增强等)如式(4.1)所示。

$$g(x,y) = f(x,y) \cdot h(x,y) \tag{4.1}$$

区域增强方法(如平滑、锐化等)如式(4.2)所示。

$$g(x,y) = f(x,y) * h(x,y) \tag{4.2}$$

空域增强模型如图 4.1 所示。

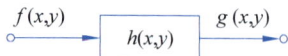

图 4.1 空域增强模型

2. 频域增强

在频域利用二维滤波器 $H(u,v)$ 对 $F(u,v)$ 进行滤波,得到新的频谱图像 $G(u,v)$,如式(4.3)所示。

$$G(u,v) = F(u,v) \cdot H(u,v) \tag{4.3}$$

图 4.2 是频域增强模型。首先对空域图像 $f(x,y)$ 进行正交变换(傅里叶变换、离散余弦变换、离散沃尔什变换或者离散哈达玛变换等),得到频域图像 $F(u,v)$,频域图像与

滤波器 $H(u,v)$ 运算后得到频域图像 $G(u,v)$，对 $G(u,v)$ 进行正交反变换得到空域图像 $g(x,y)$。前面正交变换如果利用的是傅里叶变换，则后面正交反变换利用傅里叶反变换；如果前面是利用的离散沃尔什变换，则后面正交反变换利用离散沃尔什反变换。

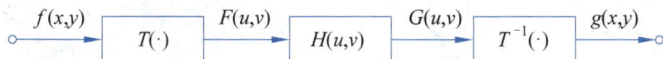

$$f(x,y) \to \boxed{T(\cdot)} \xrightarrow{F(u,v)} \boxed{H(u,v)} \xrightarrow{G(u,v)} \boxed{T^{-1}(\cdot)} \to g(x,y)$$

图 4.2 频域增强模型

$H(u,v)$ 可以是低通滤波器，则对图像起到平滑降噪作用；$H(u,v)$ 也可以是高通滤波器，则对图像起到锐化作用，即可检测图像边缘细节。

4.1.2 图像增强技术与图像复原技术的关系

图像在传送或转换（如成像、复制、扫描、传输及显示）时，总会造成图像质量的降低，因此，必须对降质图像进行改善处理。图像改善的方法有两类：图像增强与图像复原。

图像增强与图像复原是两类不同的技术，二者的区别如表 4.1 所示。

表 4.1 图像增强与图像复原的区别

比较的方面	图 像 增 强	图 像 复 原
技术特点	(1) 不考虑图像降质原因，只将图像中感兴趣的特征有选择地突出（增强），而衰减其不需要的特征。 (2) 改善后的图像不一定要去逼近原始图像	(1) 要考虑图像降质原因，建立"降质模型"。 (2) 要建立评价图像复原好坏的客观标准
目的	提高图像的可懂度	提高图像的逼真度

下面以图像去雾为例，阐述图像增强与图像复原。

雾霾是由空气中的灰尘和烟雾等小的漂浮颗粒产生的常见大气现象。这些漂浮的颗粒极大地吸收和散射光，导致图像质量下降。

在雾霾影响下，视频监控、远程感应、自动驾驶等许多实际应用很容易受到威胁，检测和识别等高级计算机视觉任务很难完成，因此，图像去雾（除雾）成为一种越来越重要的技术。

图像去雾既包括图像增强技术，也包括图像复原技术，图像去雾示例如图 4.3 所示。

图像去雾的方法主要分为两大类：基于图像增强的去雾算法和基于图像复原的去雾算法。

基于图像增强的去雾算法尽量去除图像噪声，提高图像对比度，从而恢复出无雾清晰图像。这类方法不考虑有雾图像的形成过程，而是直接通过突出图像的细节、提高对比度等方式，使有雾图像看上去更加清晰。代表性的方法包括直方图均衡化、自适应直方图均衡化、限制对比度自适应直方图均衡化、小波变换、同态滤波等。

基于图像复原的去雾算法通过对大量有雾和无雾图像进行观察总结，找到它们之间的映射关系，然后根据有雾图像的形成过程来进行逆运算，从而恢复清晰图像。这类方法考虑了有雾图像的形成过程和物理模型，如大气散射模型，通过逆运算和物理模型的运用来去雾，恢复图像的清晰度。代表性的方法包括暗通道先验去雾算法和基于神经网络的

(a) 有雾图　　　　　　　　　　　　(b) 去雾图

图 4.3　图像去雾示例

方法等。

综上所述，图像去雾的技术范围广泛，既包括通过增强图像对比度和细节来提高图像清晰度的技术，也包括基于物理模型和深度学习技术来恢复清晰图像的技术。这两种方法各有特点，前者简单有效，后者则更加精确和高效。

4.2　空域图像增强

空域增强分为点运算增强方法与区域增强方法。

4.2.1　空域点运算增强

图像点运算是指一幅输出图像上每个像素的灰度值仅由相应输入像素的灰度值决定，而与像素所在的位置无关，与相邻的像素之间也没有运算关系，是旧图像与新图像之间的映射。

为了将图像灰度级的整个范围或一段范围扩展或压缩到记录或显示设备的动态范围内，可使图像动态范围增大，图像对比度扩展使图像变得清晰（图像上的特征变得明显）。

如果环境光源太暗，灰度值偏小，就会使图像太暗看不清；如果环境光源太亮，灰度值偏大，又会使图像泛白。

通过灰度变换，就可以将灰度值调整到合适的程度。灰度变换可分为线性变换、分段线性变换和非线性（对数）变换。图像空域点运算可以同时利用直方图均衡化和直方图规定化等增强图像。

为了更好地掌握上述增强技术，首先介绍灰度直方图相关知识。

1. 灰度直方图

灰度图像的直方图描述了一幅图像的灰度级统计信息，指图像中各种不同灰度级像素出现的相对频率，如式(4.4)所示。

$$P_r(k) = n_k / N \tag{4.4}$$

式中，N 表示像素的总数；n_k 表示灰度级为 k 的像素的数目。

图 4.4 中为一幅 6 行 6 列图像，共 36 个像素，统计图像中各颜色的像素数，再计算各

颜色出现的相对频率,即各颜色像素数除以总像素数(36),直方图横坐标为颜色值,纵坐标为相对频率。

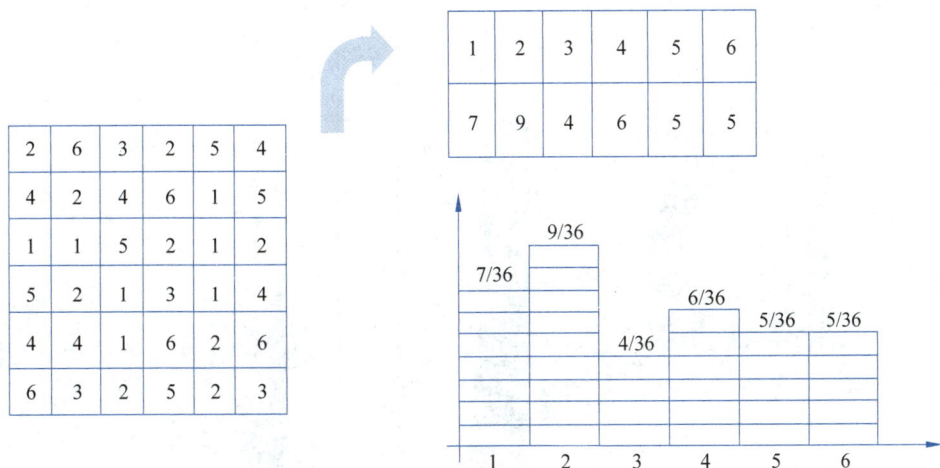

2	6	3	2	5	4
4	2	4	6	1	5
1	1	5	2	1	2
5	2	1	3	1	4
4	4	1	6	2	6
6	3	2	5	2	3

| 1 | 2 | 3 | 4 | 5 | 6 |
| 7 | 9 | 4 | 6 | 5 | 5 |

图 4.4 直方图示例

例 4.1 显示 pout.tif 图像及其直方图。

【解】 MATLAB 程序如下:

```
clear,clc,close all
J = imread('pout.tif');
subplot(1,3,1)
imshow(J);
title('pout.tif 图像')
subplot(1,3,2)
imhist(J)
title('pout.tif 图像直方图')
subplot(1,3,3)
N = numel(J);              %求图像像素的总数
Pr = imhist(J)/N;          %显示原始图像的直方图
k=0:255;
stem(k,Pr)
title('pout.tif 图像归一化直方图')
```

程序运行结果如图 4.5 所示,其中图 4.5(a)为 pout.tif 图像;图 4.5(b)纵坐标为每种颜色像素个数,横坐标为颜色值(0~255);图 4.5(c)纵坐标为每种颜色像素出现的频率,横坐标为颜色值(0~255)。

imhist 函数说明如下。

(1) imhist(I):无输出变量,直接显示图像 I 的直方图,横坐标为颜色值,纵坐标为像素个数。

(2) [counts,binLocations] = imhist(I):计算灰度图像 I 的直方图。

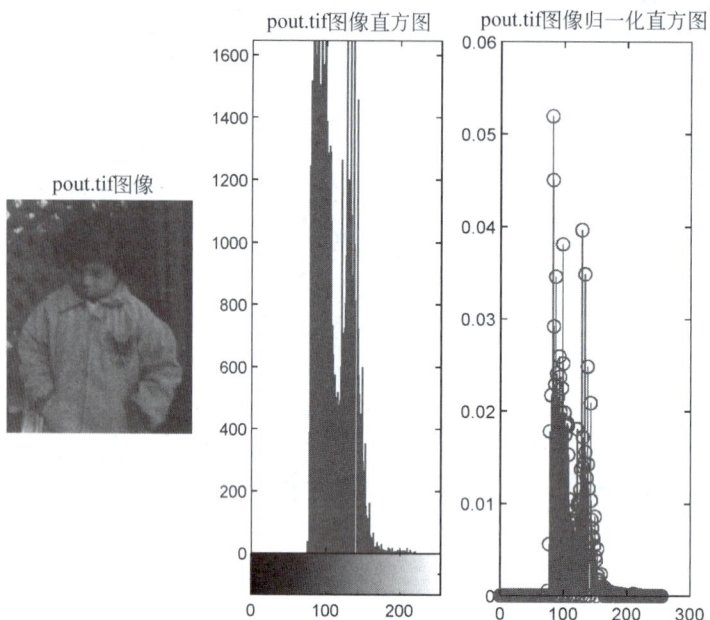

(a) pout.tif图像   (b) pout.tif图像直方图   (c) pout.tif图像归一化直方图

图 4.5　例 4.1 程序运行结果

imhist 函数有输出变量后，则不显示直方图，返回输出变量相应数值。

imhist 函数在 counts 中返回直方图计数，在 binLocations 中返回灰度值位置。binLocations 可缺省，采用默认值，直方图中灰度值的数量由图像类型确定。

（3）$[\text{counts}, \text{binLocations}] = \text{imhist}(I, n)$：指定用于计算直方图的灰度值的数量 n。

（4）$[\text{counts}, \text{binLocations}] = \text{imhist}(X, \text{map})$：计算具有颜色图 map 的索引图像 X 的直方图。对于颜色图中的每个条目，直方图中都有一个对应的灰度值。

imhist 函数在无输出变量时，直接显示图像直方图，纵坐标为图像各灰度级颜色的像素个数；当有输出变量时，第一个输出变量中保存了各灰度级颜色的像素个数，为了计算各颜色像素出现的频率，则此输出变量除以总像素可得相应频率。

像素数可以利用 size 函数或者 numel 函数进行统计。

1）size 函数

例 4.2　计算灰度图像 pout.tif 的像素总数。

【解】　MATLAB 程序如下：

```
X = imread('pout.tif');
hanglie=size(X)
xsshu=hanglie(1) * hanglie(2)
```

程序运行结果如下：

```
hanglie =
   291   240
xsshu =
     69840
```

灰度图像利用 size 函数,输出变量为 1 行 2 列值,即第 1 个值为行数,第 2 个值为列数,所以总像素数为行与列的乘积值。

例 **4.3**　计算彩色图像 autumn.tif 的像素总数。

【解】　MATLAB 程序如下:

```
X = imread('autumn.tif');
hanglie=size(X)
xsshu=hanglie(1) * hanglie(2)
```

程序运行结果如下:

```
hanglie =
   206   345     3
xsshu =
     71070
```

彩色图像利用 size 函数,输出变量为 1 行 3 列值,即第 1 个值为行数,第 2 个值为列数,第 3 个值为 3,因为彩色图像每个像素包含红、绿、蓝三个分量,这三个分量为同一个像素的分量,所以总像素数为行与列的乘积值。

2) numel 函数

n = numel(A)返回数组 A 中的元素数目。

如果图像是灰度图像,结果值就是像素总数;如果图像是彩色图像,因为彩色图像每个像素含有红、绿、蓝三个分量,因此利用 numel 计算所得值为像素数的 3 倍,因此 numel 函数适合灰度图像计算像素数。

图像直方图描述了图像的概貌,通过直方图可以得到很多有效信息,从图 4.6 所示的一系列灰度图像直方图中,可以直观地看出图像的亮度和对比度特征。如果图像较暗,直方图的峰值出现在直方图的靠左部分,如图 4.6(a)所示;如果图像较亮,直方图的峰值出现在直方图的靠右部分,如图 4.6(b)所示;如果直方图中纵坐标非零值集中在横坐标一小段区域内,则图像对比度较低,如图 4.6(a)和(b)所示;如果直方图中纵坐标非零值在横坐标分布范围较大,则图像对比度较高,图像看起来比较清晰,如图 4.6(c)所示。

2. 灰度线性变换

对图像进行线性变换时,灰度图像 $g(x,y)$ 与灰度图像 $f(x,y)$ 之间的运算关系如式(4.5)所示。

$$g(x,y)=a'+\frac{b'-a'}{b-a}\big[f(x,y)-a\big] \tag{4.5}$$

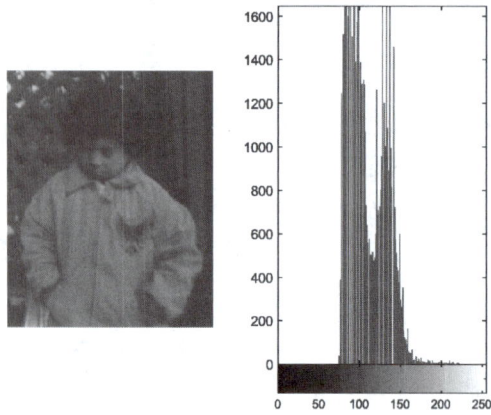

(a) 较暗图像且对比度较低

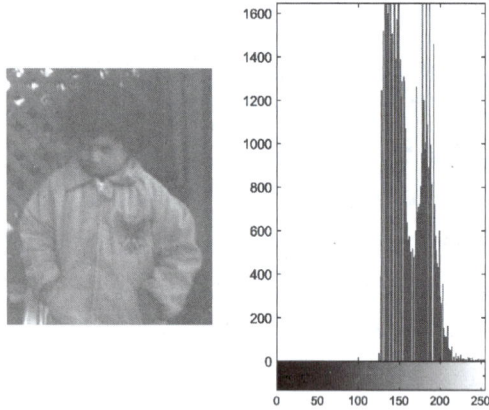

(b) 较亮图像且对比度较低

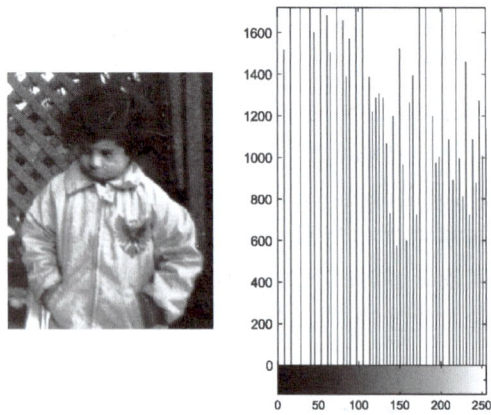

(c) 对比度较高图像

图 4.6　灰度图像直方图与亮度和对比度的关系示例

(1) 如果使图像灰度范围增大,即对比度增大,根据式(4.5),图 4.7 中线段斜率要大于 1,图像会变得清晰。

(2) 如果使图像灰度范围缩小,即对比度减小,根据式(4.5),图 4.7 中线段斜率要小于 1。

例 4.4 对图像 pout.tif 进行线性变换增强,将图像在 $0.3×255～0.7×255$ 灰度的值通过线性变换映射到 $0～255$。

【解】 本例题利用两种方法实现,一种是利用 imadjust 函数实现,另一种是直接利用公式即式(4.5)实现,具体程序如下。

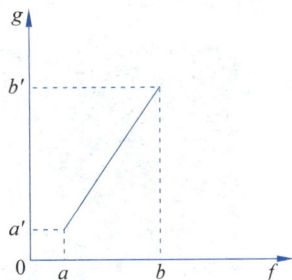

图 4.7 线性变换

(1) imadjust 函数实现方法:

```
%imadjust 函数实现方法
x= imread('pout.tif');
imshow(x)
figure,imhist(x);            %显示原始图像直方图
J = imadjust(x,[0.3 0.7],[]);
%使用 imadjust 函数进行灰度的线性变换
figure,imshow(J);
figure,imhist(J)             %显示变换后图像直方图
```

(2) 公式实现方法:

```
%公式实现方法
x=imread('pout.tif');
figure,imshow(x);
figure,imhist(x);
[M,N]=size(x);
a=0.3*255;
b=0.7*255;
a1=0;
b1=255;
k=(b1-a1)/(b-a);
g=a1+k*(x-a);
figure,imshow(g);
figure,imhist(g)
```

程序运行结果如图 4.8 所示。

两种方法运行结果一致,因此只显示其中一种方法的结果,读者可自行运行程序代码验证。

3. 灰度分段线性变换

对整个图像灰度区间进行分段,采用分段线性函数进行变换。这种变换突出了感兴趣的目标或灰度区间，相对抑制那些不感兴趣的灰度区间。

分段线性变换，一般采用三段线性变换，如图4.9所示，计算公式如式(4.6)所示。

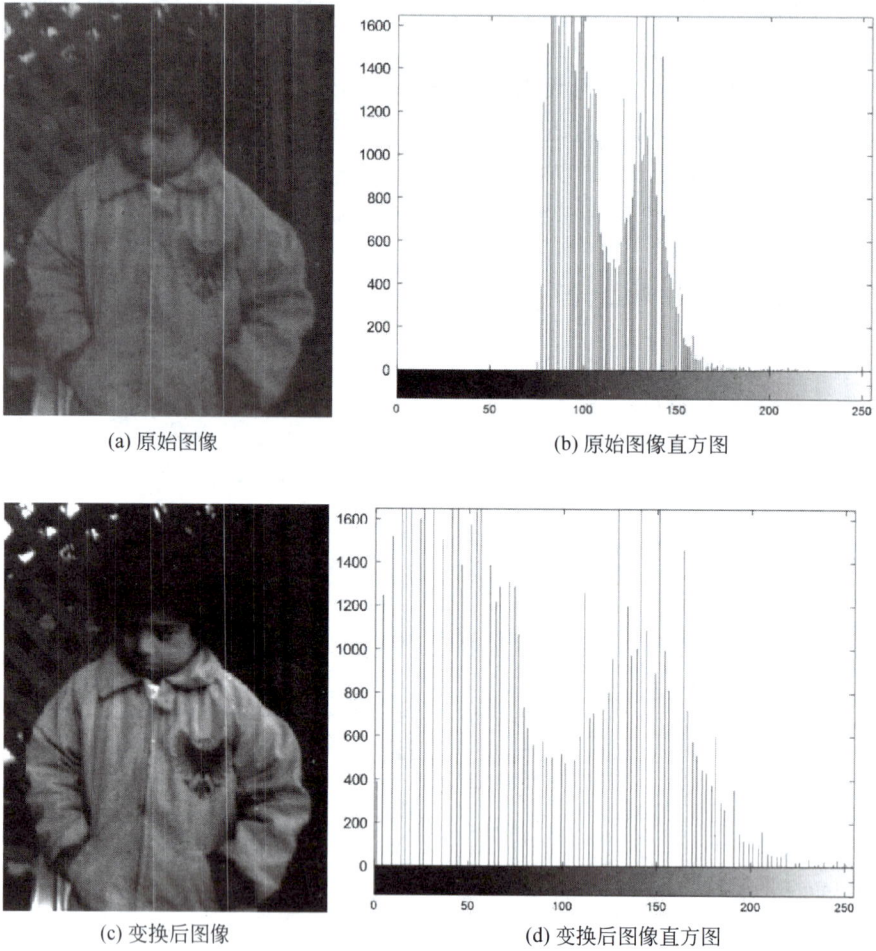

(a) 原始图像

(b) 原始图像直方图

(c) 变换后图像

(d) 变换后图像直方图

图 4.8　例 4.4 程序运行结果

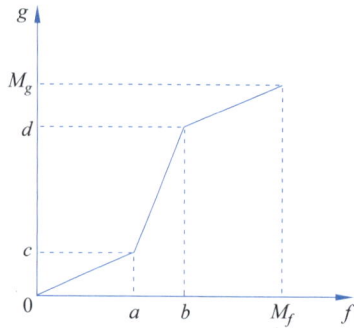

图 4.9　三段线性变换

$$g(x,y)=\begin{cases} \dfrac{c}{a}f(x,y), & 0\leqslant f(x,y)<a \\[2mm] \dfrac{d-c}{b-a}[f(x,y)-a]+c, & a\leqslant f(x,y)<b \\[2mm] \dfrac{M_g-d}{M_f-b}[f(x,y)-b]+a, & b\leqslant f(x,y)\leqslant M_f \end{cases} \qquad (4.6)$$

在图 4.9 中,对灰度区间 $[a,b]$ 进行了线性拉伸,而灰度区间 $[0,a]$ 和 $[b,M_f]$ 则被压缩。调整折线拐点的位置及控制分段直线的斜率,可对图像的任一灰度区间进行拉伸或压缩。

图 4.10 是利用三段线性变换进行图像增强的示例。

(a) 原始图像　　　　　　　　　　　(b) 增强效果

图 4.10　利用三段线性变换进行图像增强的示例

4. 灰度对数变换

灰度对数变换是一种非线性变换,对数变换的一般表达式如式(4.7)所示。

$$g=a+c\cdot\lg(f+1) \qquad (4.7)$$

如图 4.11 所示,对数变换可以增强低灰度级的像素(曲线斜率较大),压制高灰度级的像素(曲线斜率较小),使灰度分布与视觉特性相匹配。

图 4.12 是对图 4.10(a)进行对数变换后的增强图像。

5. 直方图均衡化

直方图变换后可使图像的灰度间距拉开或使灰度分布均匀,从而增大对比度,使图像细节清晰,达到增强的目的。

直方图变换有两类:直方图均衡化和直方图规定化。

直方图均衡化:通过对原始图像进行某种变换,使得图像的直方图变为均匀分布的直方图。当变换函数是原始图像直方图累积分布函数时,能达到直方图均衡化的目的。对于离散的图像,用频率进行直方图均衡化处理。

例 4.5　假定有一幅总像素为 $n=64\times64$ 的图像,灰度级数为 8,各灰度级分布列于

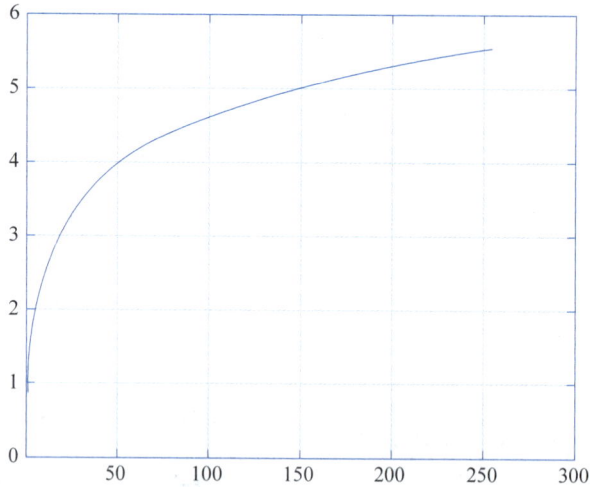
图 4.11 对数变换示意图

图 4.12 进行对数变换后的增强图像

表 4.2 中,试对其进行直方图均衡化处理。

表 4.2 各灰度级分布

灰度级 k	0	1	2	3	4	5	6	7
像素数 n_k	790	1023	850	656	329	245	122	81

【解】 直方图均衡化过程如表 4.3 所示。

表 4.3 直方图均衡化过程

灰度级 k	0	1	2	3	4	5	6	7
像素数 n_k	790	1023	850	656	329	245	122	81
灰度级归一化 r_k	0	1/7	2/7	3/7	4/7	5/7	6/7	1
各灰度级频率 $p_r(r_k)$	0.19	0.25	0.21	0.16	0.08	0.06	0.03	0.02

续表

灰度级 k	0	1	2	3	4	5	6	7
累积频率	0.19	0.44	0.65	0.81	0.89	0.95	0.98	1
累积频率对应的归一化灰度级 s_k	1/7	3/7	5/7	6/7	6/7	1	1	1
合并 s_k	1/7	3/7	5/7		6/7			1
s_k 对应像素数	790	1023	850		985			448
$p_s(s_k)$	0.19	0.25	0.21		0.24			0.11

原始图像直方图和直方图均衡化后图像直方图如图 4.13 所示。

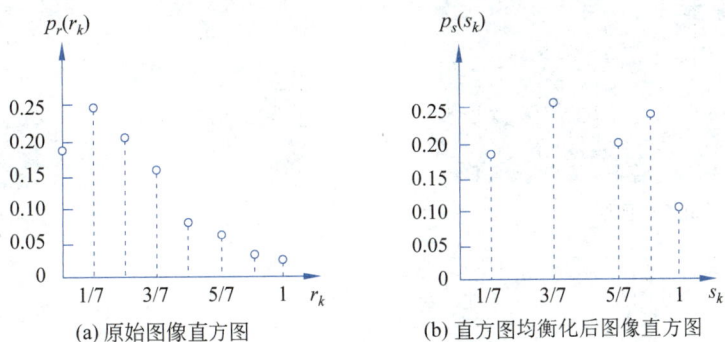

(a) 原始图像直方图　　(b) 直方图均衡化后图像直方图

图 4.13　直方图均衡化

例 4.6　在 MATLAB 环境中,对 pout.tif 进行直方图均衡化图像增强处理。

【解】　MATLAB 程序如下:

```
A=imread('pout.tif');
I=histeq(A);                    %调用函数完成直方图均衡化
subplot(1,2,1),imshow(A);       %原始图像
subplot(1,2,2),imshow(I);       %直方图均衡化后图像
figure
subplot(1,2,1),imhist(A);       %原始图像直方图
subplot(1,2,2),imhist(I);       %直方图均衡化后图像直方图
```

程序运行结果如图 4.14 所示。

图 4.14(b)为直方图均衡化后图像,其图像对比度明显比 4.14(a)所示的原始图像提高了,视觉效果更好,图 4.14(d)比图 4.14(c)直方图分布范围更广,同时直方图分布更加均匀。

histeq 函数为直方图均衡化函数。

6. 直方图规定化

直方图均衡化主要用于灰度级动态范围偏小的图像,以此提高图像对比度,丰富图像灰度级,该方法通过计算累积频率,进而自动实现图像增强。

(a) 原始图像

(b) 直方图均衡化后图像

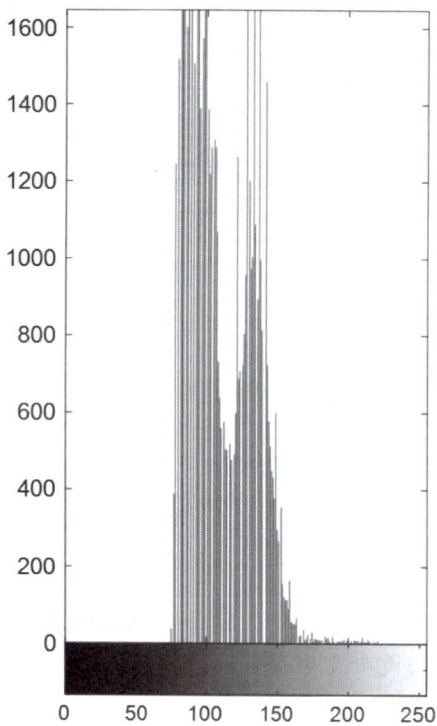

(c) 原始图像直方图

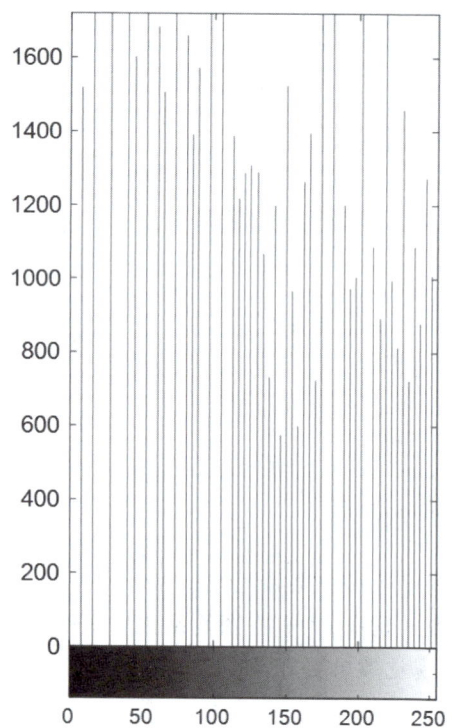

(d) 直方图均衡化后图像直方图

图 4.14　例 4.6 程序运行结果

但有时希望对变换过程加以控制,人为地修正直方图的形状或使图像具有指定的直方图形式,比如可以有选择地提高图像在某段灰度范围内的对比度或使图像的灰度值满足特定的分布,该处理技术称为直方图规定化。

直方图规定化通过建立原始图像与期望图像之间的关系,使原始图像直方图修正为特定形状,该技术可弥补直方图均衡化不具备交互作用的缺点。

histeq 函数既可以进行直方图均衡化处理,也可以用于直方图规定化,其语法格式如下:

```
J=histeq(I,hgram)
```

histeq 用于改变图像 I,使输出图像 J 的直方图接近参数 hgram。

例 4.7　在 MATLAB 环境中,将图像 I(pout.tif)分别匹配到图像 I1(cameraman.tif)和图像 I2(rice.png)。

【解】　MATLAB 程序如下:

```
I=imread('pout.tif');              %读取图像 I
I1=imread('cameraman.tif');        %匹配图像 I1
I2=imread('rice.png');             %匹配图像 I2

%计算直方图
[hgram1,x1]=imhist(I1);
[hgram2,x2]=imhist(I2);

%直方图规定化处理
J1=histeq(I,hgram1);
J2=histeq(I,hgram2);

subplot(2,5,1),imshow(I),title('原始图像','FontSize',16)
subplot(2,5,2),imshow(I1),title('匹配图像 I1','FontSize',16)
subplot(2,5,3),imshow(I2),title('匹配图像 I2','FontSize',16)
subplot(2,5,4),imshow(J1),title('规定化到匹配图像 I1','FontSize',16)
subplot(2,5,5),imshow(J2),title('规定化到匹配图像 I2','FontSize',16)
subplot(2,5,6),imhist(I),title('原始图像直方图','FontSize',16)
subplot(2,5,7),imhist(I1),title('匹配图像 I1 直方图','FontSize',16)
subplot(2,5,8),imhist(I2),title('匹配图像 I2 直方图','FontSize',16)
subplot(2,5,9),imhist(J1),title('规定化到匹配图像 I1 直方图','FontSize',16)
subplot(2,5,10),imhist(J2),title('规定化到匹配图像 I2直方图','FontSize',16)
```

程序运行结果如图 4.15 所示。

4.2.2　空域区域增强

空域区域增强有平滑技术与锐化技术:平滑技术可以降低图像噪声,其对应频域中

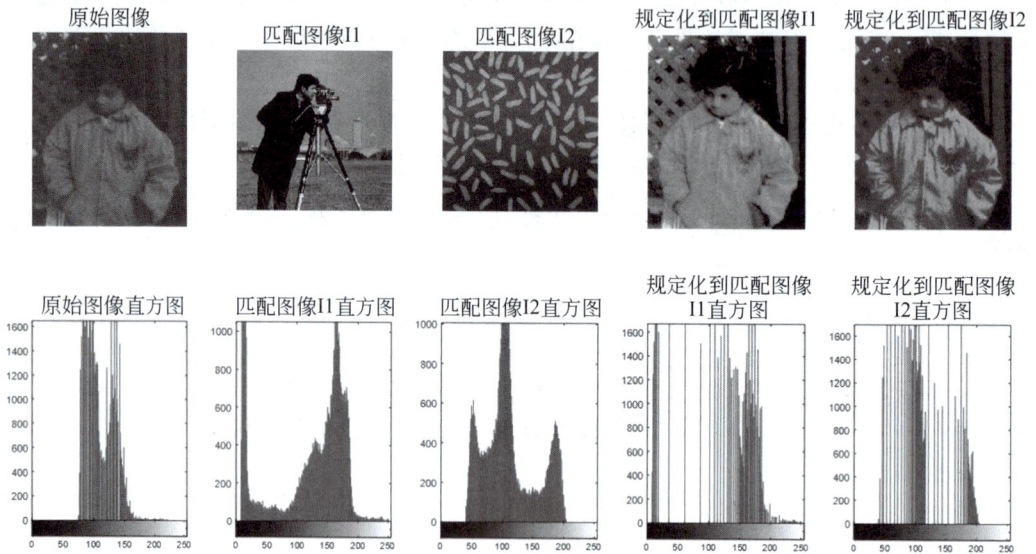

图 4.15　例 4.7 程序运行结果

的低通滤波；锐化技术可以提取图像边缘与细节，其对应频域中的高通滤波。

平滑与锐化技术，都会涉及噪声的问题，因此，本节先介绍噪声相关知识。

1. 图像噪声

数字图像经过采集、处理、存储、传输等一系列加工变换，由电气系统和外界引入的图像噪声也将在这些过程中随之引入，可能严重影响图像的质量，这些过程将使图像噪声的精确分析变得十分复杂。

降低图像噪声在图像预处理中十分重要。对于不同的噪声，降噪最佳方法也不同。

1）图像噪声的分类

（1）按其产生的原因，可以分为：外部噪声和内部噪声。

（2）按统计特性是否随时间变化，可以分为：平稳噪声和非平稳噪声。

（3）按噪声幅度随时间分布形状，可以分为：高斯噪声、瑞利噪声、泊松噪声等。

（4）按噪声频谱形状，可以分为：白噪声、$1/f$ 噪声、三角噪声等。

（5）按噪声和信号之间的关系，可以分为：加性噪声和乘性噪声

2）噪声函数 imnoise

MATLAB 中为图像加噪声的函数为 imnoise，其函数形式如下：

```
J = imnoise(I, type, parameters)
```

其中，I 为原始图像的灰度矩阵；J 为加噪声后的灰度矩阵；type 为噪声种类；parameters 是允许修改的参数，可以为默认值。

type 可以有如下 5 种类型。

（1）'gaussian'：高斯白噪声。

（2）' localvar'：与图像灰度值有关的零均值高斯白噪声。

（3）'poisson'：泊松噪声。

（4）'salt&pepper'：椒盐噪声，即黑白点噪声。

（5）'speckle'：斑点噪声。

2. 图像平滑

大部分的噪声都可以看作随机信号，对图像的影响可以看作孤立的。某一像素，如果它与周围像素相比，有明显不同，则该像素被噪声感染了，如图 4.16 所示。

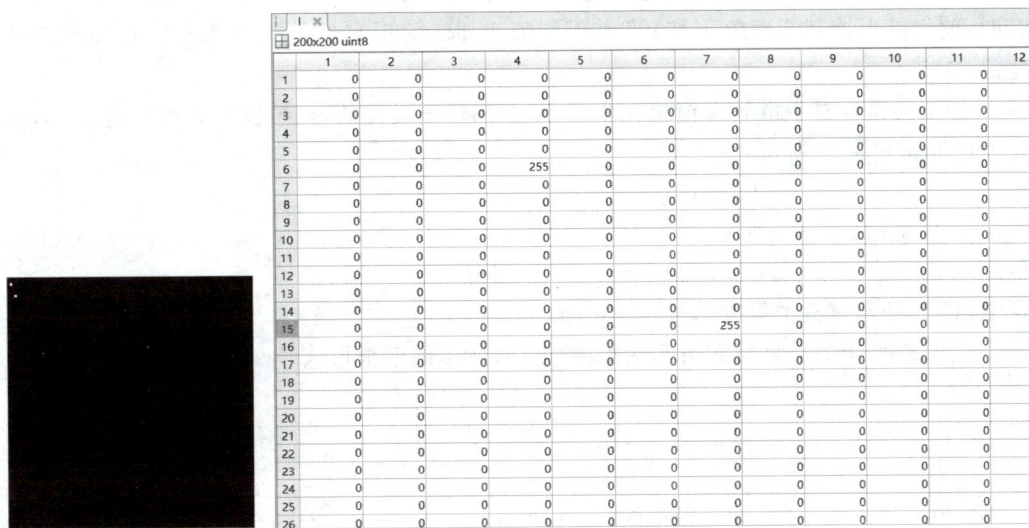

(a) 孤立噪声图像　　　　　　(b) 噪声图像对应的数据矩阵

图 4.16　孤立噪声示例

图 4.16(a)中图像左上角有两个孤立噪声点，其对应的数据矩阵如图 4.16(b)所示，周围像素灰度值都为 0，只有两个孤立噪声点的灰度值为 255。

设当前待处理图像为 $f(x,y)$，给出一个大小为 3×3 的处理模板，如图 4.17 所示。

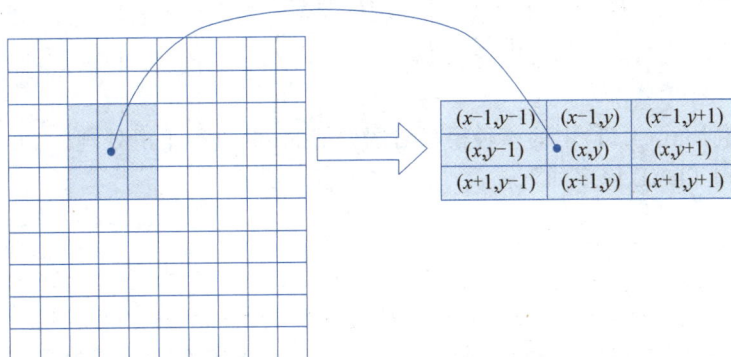

$(x-1,y-1)$	$(x-1,y)$	$(x-1,y+1)$
$(x,y-1)$	(x,y)	$(x,y+1)$
$(x+1,y-1)$	$(x+1,y)$	$(x+1,y+1)$

图 4.17　处理模板示意图

设处理后的图像为 $g(x,y)$，则图 4.17 中的处理过程如式(4.8)所示。

$$g(x,y) = \begin{cases} \dfrac{1}{9} \sum\limits_{i \in z} \sum\limits_{j \in z} f(x+i, y+j), & \left| f(x,y) - \dfrac{1}{9} \sum\limits_{i \in z} \sum\limits_{j \in z} f(x+i, y+j) \right| > T \\ f(x,y), & \text{其他} \end{cases}$$

(4.8)

式中，$z = \{-1, 0, 1\}$；T 为非负阈值，可根据对误差容许程度进行设置，一般设置为图像灰度方差 σ_f 的若干倍，或者根据实验设置其值。

物理意义：当图像中一些像素和它邻域内像素的灰度平均值的差不超过规定的阈值 T 时，就仍然保持其灰度值不变；当大于阈值 T 时，就用它们的平均值来代替该点的灰度值。

式(4.8)是针对平滑处理模板大小为 3×3 的情况设置的，如果模板大小不是 3×3，则处理过程如式(4.9)所示。

$$g(x,y) = \begin{cases} \dfrac{1}{M} \sum\limits_{(x,y) \in S} f(x,y), & \left| f(x,y) - \dfrac{1}{M} \sum\limits_{(x,y) \in S} f(x,y) \right| > T \\ f(x,y), & \text{其他} \end{cases}$$

(4.9)

式中，M 为处理模板中像素总数。

式(4.8)所示的处理过程可写为如式(4.10)所示的模板形式。

$$H_0 = \frac{1}{9} \begin{bmatrix} 1 & 1 & 1 \\ 1 & 1 & 1 \\ 1 & 1 & 1 \end{bmatrix}$$

(4.10)

其他常用的 3×3 处理模板如式(4.11)所示。

$$H_1 = \frac{1}{10} \begin{bmatrix} 1 & 1 & 1 \\ 1 & 2 & 1 \\ 1 & 1 & 1 \end{bmatrix} \quad H_2 = \frac{1}{16} \begin{bmatrix} 1 & 2 & 1 \\ 2 & 4 & 2 \\ 1 & 2 & 1 \end{bmatrix}$$

$$H_3 = \frac{1}{8} \begin{bmatrix} 1 & 1 & 1 \\ 1 & 0 & 1 \\ 1 & 1 & 1 \end{bmatrix} \quad H_4 = \frac{1}{2} \begin{bmatrix} 0 & \frac{1}{4} & 0 \\ \frac{1}{4} & 1 & \frac{1}{4} \\ 0 & \frac{1}{4} & 0 \end{bmatrix}$$

(4.11)

例 4.8   利用式(4.11)中的 4 种模板对图像 ciqi.jpg 进行平滑处理。

【解】   MATLAB 程序如下：

```
I0 = imread('ciqi.jpg');
I1=rgb2gray(I0);
subplot(2,3,1); imshow(I1); title('原始图像','FontSize',16)
I=imnoise(I1,'salt & pepper');              %对图像添加椒盐噪声
subplot(2,3,2); imshow(I);title('加噪图像','FontSize',16)
h1= 1/10.* [1 1 1; 1 2 1; 1 1 1];           %定义 4 种模板
h2=1/16.* [1 2 1;2 4 2;1 2 1];
h3=1/8.* [1 1 1;1 0 1;1 1 1];
```

```
h4=1/2.*[0 1/4 0;1/4 1 1/4;0 1/4 0];
I2=filter2(h1,I);                              %用 4 种模板进行滤波处理
I3=filter2(h2,I);     I4=filter2(h3,I);  I5=filter2(h4,I);
subplot(2,3,3),imshow(I2,[]),title('模板 1 处理结果图','FontSize',16);
subplot(2,3,4),imshow(I3,[]),title('模板 2 处理结果图','FontSize',16);
subplot(2,3,5),imshow(I4,[]),title('模板 3 处理结果图','FontSize',16);
subplot(2,3,6),imshow(I5,[]),title('模板 4 处理结果图','FontSize',16)
```

程序运行结果如图 4.18 所示。

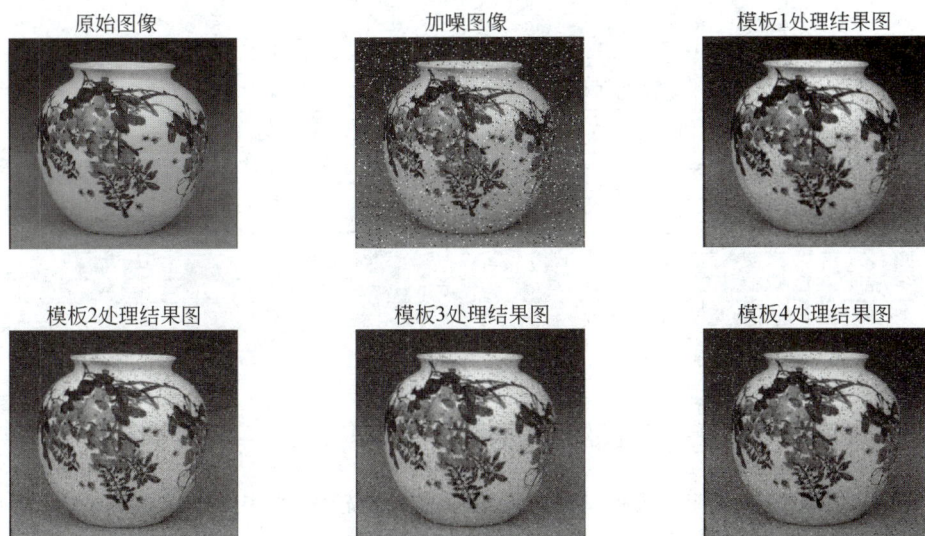

图 4.18 例 4.8 程序运行结果

通过图 4.18 可以看出,对噪声图像进行邻域平滑处理,确实能降低噪声,但是在降噪的同时图像边缘细节也变模糊了,针对这种椒盐噪声,中值滤波处理效果会更好。

3. 中值滤波

针对上述椒盐噪声图像,本部分将利用中值滤波进行处理,其处理效果比平滑处理效果更好。

中值滤波是一种非线性的处理方法,在去噪的同时可以兼顾到边界信息的保留。

中值滤波选择一个含有奇数点的窗口 W,将这个窗口在图像上扫描,把该窗口中所含的像素按灰度级的升(或降)序排列,取位于中间的灰度值,来代替该点的灰度值,如式(4.12)所示。

$$g(x,y)=\text{median}\{f(x-k,y-l),(k,l)\in W\} \tag{4.12}$$

例如,针对图 4.16(b)所示的噪声图像对应的数据矩阵,利用 3×3 窗口进行中值滤波,即对 9 个像素进行排序,选取中间值,即第 5 个值为输出值,则图 4.16(b)中的数据矩阵经过中值滤波处理后,噪声数据 255 都将输出 0 值,如图 4.19 所示。如果针对图 4.16中的两个噪声点,利用 3×3 窗口进行邻域平滑处理,则噪声点经过处理后数据值为 28,

可见,针对这种孤立噪声,中值滤波效果明显比邻域平滑处理效果更好。

变量 - 1

200x200 uint8

	1	2	3	4	5	6	7	8	9	10	11	12
1	0	0	0	0	0	0	0	0	0	0	0	0
2	0	0	0	0	0	0	0	0	0	0	0	0
3	0	0	0	0	0	0	0	0	0	0	0	0
4	0	0	0	0	0	0	0	0	0	0	0	0
5	0	0	0	0	0	0	0	0	0	0	0	0
6	0	0	0	0	0	0	0	0	0	0	0	0
7	0	0	0	0	0	0	0	0	0	0	0	0
8	0	0	0	0	0	0	0	0	0	0	0	0
9	0	0	0	0	0	0	0	0	0	0	0	0
10	0	0	0	0	0	0	0	0	0	0	0	0
11	0	0	0	0	0	0	0	0	0	0	0	0
12	0	0	0	0	0	0	0	0	0	0	0	0
13	0	0	0	0	0	0	0	0	0	0	0	0
14	0	0	0	0	0	0	0	0	0	0	0	0
15	0	0	0	0	0	0	0	0	0	0	0	0
16	0	0	0	0	0	0	0	0	0	0	0	0
17	0	0	0	0	0	0	0	0	0	0	0	0
18	0	0	0	0	0	0	0	0	0	0	0	0
19	0	0	0	0	0	0	0	0	0	0	0	0
20	0	0	0	0	0	0	0	0	0	0	0	0
21	0	0	0	0	0	0	0	0	0	0	0	0
22	0	0	0	0	0	0	0	0	0	0	0	0
23	0	0	0	0	0	0	0	0	0	0	0	0
24	0	0	0	0	0	0	0	0	0	0	0	0
25	0	0	0	0	0	0	0	0	0	0	0	0
26	0	0	0	0	0	0	0	0	0	0	0	0

图 4.19　中值滤波结果（针对图 4.16(b)）

二维中值滤波的窗口形状和尺寸对滤波效果影响较大,常用的二维中值滤波窗口形状有线状、十字形、方形及菱形等,如图 4.20 所示。窗口尺寸一般先取 3,再取 5,逐步增加。

图 4.20　常用的二维中值滤波窗口形状

中值滤波对于消除孤立点和线段的干扰十分有用,特别是对于椒盐噪声尤为有效,对于消除高斯噪声的影响效果不佳。

对于一些细节较多的复杂图像,还可以多次使用不同的中值滤波,然后通过适当的方式综合所得的结果作为输出,这样可以获得更好的降噪和保护边缘的效果。

例 4.9　对 ciqi.jpg 图像利用 3×3 的窗口进行中值滤波。

【解】　MATLAB 程序如下:

```
clear,clc,close all
I1 = imread('ciqi.jpg');
subplot(2,2,1),imshow(I1),title('原始彩色图像')
I2=rgb2gray(I1);
```

```
subplot(2,2,2),imshow(I2),title('灰度图像')
I=imnoise(I2,'salt & pepper',0.02);
subplot(2,2,3),imshow(I),title('椒盐噪声图像')
K = medfilt2(I);                              %中值滤波
subplot(2,2,4),imshow(K),title('中值滤波后图像')
```

程序运行结果如图 4.21 所示。

通过图 4.21 可以看出,对于椒盐噪声,中值滤波效果较好。

medfilt2 函数为中值滤波函数。

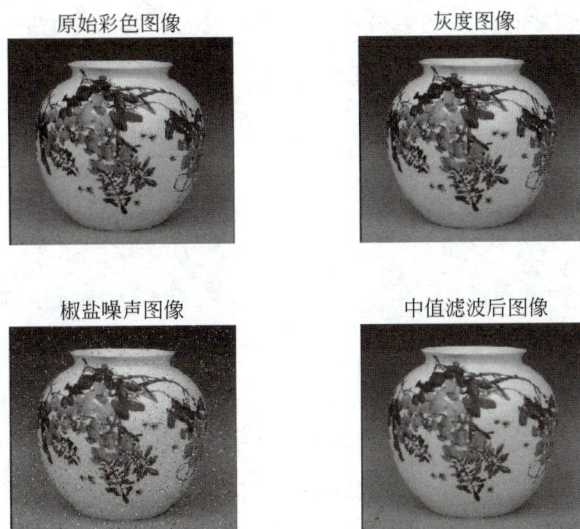

图 4.21　例 4.9 程序运行结果

4. 图像锐化

图像锐化主要用于增强图像中景物的边缘和轮廓,边缘和轮廓常常位于图像中灰度突变的地方,因而可以直观地想到利用灰度差分对边缘和轮廓进行提取。

由于锐化处理是利用差分运算,所以待锐化的图像要有足够高的信噪比,否则会使噪声得到比原始图像更强的增强,信噪比更加恶化。

常用图像锐化方法有梯度锐化方法和拉普拉斯方法。

1) 梯度锐化方法

二元函数 $f(x,y)$ 在坐标点 (x,y) 处的梯度定义如式(4.13)所示。

$$\nabla f = \begin{bmatrix} G_x \\ G_y \end{bmatrix} = \begin{bmatrix} \dfrac{\partial f}{\partial x} \\ \dfrac{\partial f}{\partial y} \end{bmatrix} \tag{4.13}$$

梯度向量的幅值如式(4.14)所示。

$$|\nabla f| = \sqrt{\left(\dfrac{\partial f}{\partial x}\right)^2 + \left(\dfrac{\partial f}{\partial y}\right)^2} \tag{4.14}$$

为了降低梯度幅值运算量,常用绝对值或最大值运算代替平方与平方根运算近似求梯度的幅值,如式(4.15)或式(4.16)所示。

$$|\nabla f| \approx |G_x| + |G_y| \tag{4.15}$$

$$|\nabla f| \approx \max(|G_x|, |G_y|) \tag{4.16}$$

由于数字图像为离散数据,因此数字微分将用差分代替,如式(4.17)和式(4.18)所示。

$$G_x = f(i+1,j) - f(i,j) \tag{4.17}$$

$$G_y = f(i,j+1) - f(i,j) \tag{4.18}$$

一阶差分示意图如图 4.22 所示。

在实际应用中,经常利用上述差分的一些变形,比如 Roberts、Sobel 或者 Prewitt 等。

(1) Roberts 差分。Roberts 是一种交叉梯度,其示意图如图 4.23 所示。

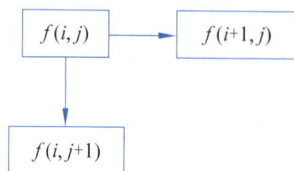

图 4.22   一阶差分示意图   图 4.23   Roberts 示意图

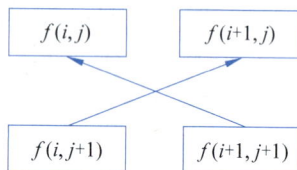

Roberts 对应的处理模板如式(4.19)所示。

$$\boldsymbol{w}_1 = \begin{bmatrix} -1 & 0 \\ 0 & 1 \end{bmatrix} \quad \boldsymbol{w}_2 = \begin{bmatrix} 0 & -1 \\ 1 & 0 \end{bmatrix} \tag{4.19}$$

$\boldsymbol{w}_1$ 对接近 45°方向的边缘有较强响应,$\boldsymbol{w}_2$ 对接近 −45°方向的边缘有较强响应。

edge 为边缘检测函数,其语法格式如下:

```
BW = edge(I,method,threshold) %返回强度高于 threshold 的所有边缘
```

例 4.10   利用 Roberts 方法对 rice.png 图像进行锐化处理。

【解】   MATLAB 程序如下:

```
I = imread('rice.png');
subplot(1,2,1)
imshow(I)
title('原始图像');
BW1 = edge(I,'roberts',0.1);
subplot(1,2,2)
imshow(BW1);
title('Roberts 边缘检测图像');
```

程序运行结果如图 4.24 所示。图中大米方向大部分接近 45°或−45°方向,因此利用 Roberts 边缘检测效果较好。

原始图像 Roberts边缘检测图像

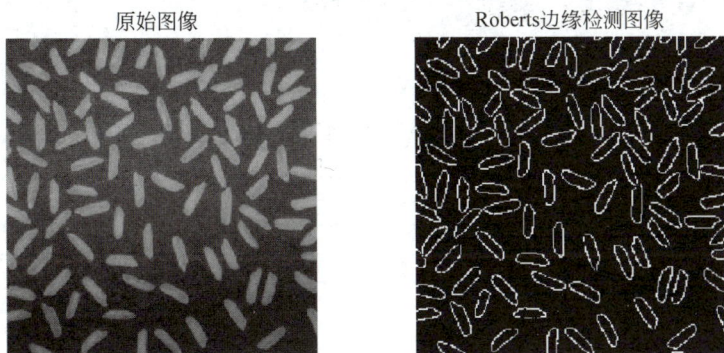

图 4.24 例 4.10 程序运行结果

（2）Sobel 差分。Sobel 对应的处理模板如式（4.20）所示。

$$w_1 = \begin{bmatrix} 1 & 2 & 1 \\ 0 & 0 & 0 \\ -1 & -2 & -1 \end{bmatrix} \quad w_2 = \begin{bmatrix} -1 & 0 & 1 \\ -2 & 0 & 2 \\ -1 & 0 & 1 \end{bmatrix} \tag{4.20}$$

像素对应的坐标计算如式（4.21）所示。

$$\begin{cases} d_{w_1} = [f(i-1,j-1) + 2f(i,j-1) + f(i+1,j-1)] - \\ \qquad [f(i-1,j+1) + 2f(i,j+1) + f(i+1,j+1)] \\ d_{w_2} = [f(i+1,j+1) + 2f(i+1,j) + f(i+1,j-1)] - \\ \qquad [f(i-1,j+1) + 2f(i-1,j) + f(i-1,j-1)] \end{cases} \tag{4.21}$$

根据上述计算公式，分析 w_1 模板检测水平与垂直边缘图像效果，如图 4.25 所示。w_1 模板可以检测水平边缘，但是不能检测垂直边缘；同理，w_2 可以检测垂直边缘，但是不能检测水平边缘。Sobel 算子是 w_1 和 w_2 模板共同的作用，因此对水平与垂直边缘都可以检测。

水平边缘图像 垂直边缘图像

w1检测水平边缘图像 w1检测垂直边缘图像

图 4.25 w_1 边缘检测效果图

fspecail 函数产生预定义的滤波器，其函数形式如下：

```
H=fspecial(type)
```

根据参数 type 的不同，得到相应类型的二维滤波器 H。

例如：

```
x=fspecial('sobel')
x = 1     2     1
    0     0     0
   -1    -2    -1
y=x'
y = 1     0    -1
    2     0    -2
    1     0    -1
```

在锐化增强中，绝对值相同的正值和负值实际上表示相同的响应，因此 w_2 模板，即 $\begin{bmatrix} -1 & 0 & 1 \\ -2 & 0 & 2 \\ -1 & 0 & 1 \end{bmatrix}$ 的锐化效果等同于模板 $\begin{bmatrix} 1 & 0 & -1 \\ 2 & 0 & -2 \\ 1 & 0 & -1 \end{bmatrix}$ 的锐化效果。

例 **4.11**　利用 Sobel 算子对 rice.png 图像进行锐化处理。

【解】　MATLAB 程序如下：

```
I = imread('rice.png');
subplot(2,2,1)
imshow(I)
title('原始图像')
B=edge(I,'sobel');
subplot(2,2,2)
imshow(B)
title('Sobel 边缘检测图像')
w1=fspecial('sobel');
w2=w1';
subplot(2,2,3)
Iw1=imfilter(I,w1);
imshow(Iw1)
title('w1 边缘检测图像')
subplot(2,2,4)
Iw2=imfilter(I,w2);
imshow(Iw2)
title('w2 边缘检测图像')
```

程序运行结果如图 4.26 所示。从图中可以看出，w_1 检测水平边缘，而 w_2 检测垂直边缘,二者结合可以全面检测边缘。

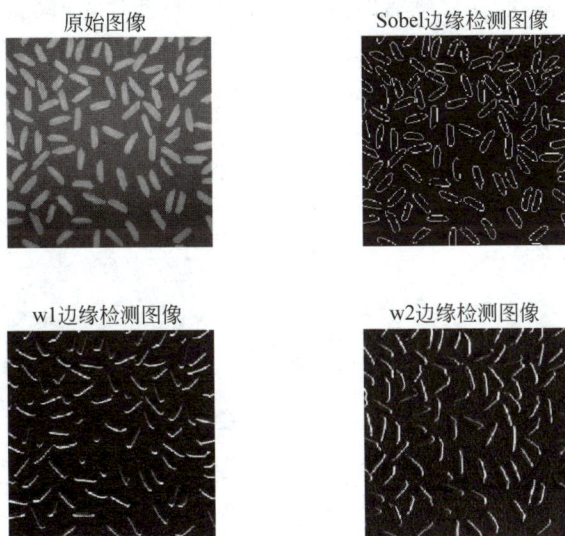

原始图像　　　Sobel边缘检测图像

w1边缘检测图像　　　w2边缘检测图像

图 4.26　例 4.11 程序运行结果

（3）Prewitt 差分。Prewitt 差分类似 Sobel 差分,只是处理模板中间系数稍有不同,Prewitt 对应的处理模板如式(4.22)所示。

$$\boldsymbol{d}_x = \begin{bmatrix} 1 & 0 & -1 \\ 1 & 0 & -1 \\ 1 & 0 & -1 \end{bmatrix} \quad \boldsymbol{d}_y = \begin{bmatrix} -1 & -1 & -1 \\ 0 & 0 & 0 \\ 1 & 1 & 1 \end{bmatrix} \tag{4.22}$$

2）拉普拉斯方法

除一阶差分算子外,还可以选用二阶差分算子:拉普拉斯算子(Laplacian)。

一个连续的二元函数 $f(x,y)$,其拉普拉斯算子定义如式(4.23)所示。

$$\nabla^2 f(x,y) = \frac{\partial^2 f}{\partial x^2} + \frac{\partial^2 f}{\partial y^2} \tag{4.23}$$

对于数字图像,拉普拉斯算子可以简化为式(4.24)。

$$\nabla^2 f = 4f(i,j) - f(i+1,j) - f(i-1,j) - f(i,j+1) - f(i,j-1) \tag{4.24}$$

拉普拉斯算子对应的处理模板如式(4.25)所示。

$$\boldsymbol{H}_1 = \begin{bmatrix} 0 & -1 & 0 \\ -1 & 4 & -1 \\ 0 & -1 & 0 \end{bmatrix} \tag{4.25}$$

拉普拉斯增强算子对应的处理模板如式(4.26)所示。

$$\boldsymbol{H}'_1 = \begin{bmatrix} 0 & -1 & 0 \\ -1 & 5 & -1 \\ 0 & -1 & 0 \end{bmatrix} \tag{4.26}$$

锐化对图像边缘具有增强作用,同时对噪声也具有增强效果,因此为了取得更好的锐化效果,可以先对图像进行平滑滤波,然后对平滑后的图像进行锐化以增强边缘和细节。

　　将高斯平滑算子与拉普拉斯算子相结合，发挥各自优势对图像进行处理。高斯平滑算子首先对图像进行降噪，对降噪后的图像进行拉普拉斯运算，检测图像边缘与细节，该操作算子称为高斯-拉普拉斯算子（Laplacian of Gaussian，LoG），简称 LoG 算子。

　　例 4.12　利用拉普拉斯算子和 LoG 算子对 rice.png 图像进行锐化处理。

　　【解】　MATLAB 程序如下：

```
I = imread('rice.png');
subplot(1,3,1)
imshow(I);
title('原始图像')
h=[0 -1 0;-1 4 -1;0 -1 0];
I1=imfilter(I,h);
subplot(1,3,2)
imshow(I1);
title('拉普拉斯检测效果图')
I2=edge(I,'log');
subplot(1,3,3)
imshow(I2);
title('LoG 检测效果图')
```

程序运行结果如图 4.27 所示。

原始图像　　　　　拉普拉斯检测效果图　　　　　LoG检测效果图

图 4.27　例 4.12 程序运行结果

　　另外，还有一些常用的二阶差分处理模板，如式（4.27）所示。

$$\boldsymbol{H}_2 = \begin{bmatrix} -1 & -1 & -1 \\ -1 & 8 & -1 \\ -1 & -1 & -1 \end{bmatrix} \quad \boldsymbol{H}_3 = \begin{bmatrix} 1 & -2 & 1 \\ -2 & 4 & -2 \\ 1 & -2 & 1 \end{bmatrix} \quad \boldsymbol{H}_4 = \begin{bmatrix} 0 & -1 & 0 \\ -1 & 5 & -1 \\ 0 & -1 & 0 \end{bmatrix}$$

$$(4.27)$$

4.3　频域图像增强

　　图像既可以在空域中实现增强，也可以在频域中实现增强。对空域图像进行图像正交变换（如傅里叶变换等），则可得到频域图像；对频域图像进行相应的正交反变换（如傅里叶反变换等），则可得到相应的空域图像。

　　在频域中，图像平滑区域对应低频部分，而图像边缘、细节、噪声对应高频部分。

4.3.1　低通滤波

因为噪声处于高频段,因此在频域中对图像降噪,需要对图像进行低通滤波处理;由于图像的细节也趋向于高频段,所以选择低通滤波器的截止频率时要特别注意,需要兼顾解决降噪和保持图像细节的矛盾。

首先对空域图像 $f(x,y)$ 进行正交变换,如傅里叶变换等,则可得频域图像 $F(u,v)$,对频域图像 $F(u,v)$ 进行低通滤波处理,得到频域图像 $G(u,v)$,对 $G(u,v)$ 图像进行相应的反变换,则可得处理后的空域图像 $g(x,y)$,处理过程如式(4.28)和图 4.28 所示。

$$G(u,v) = F(u,v) \cdot H(u,v) \tag{4.28}$$

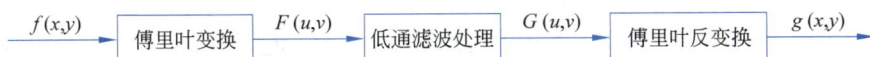

$f(x,y)$ → 傅里叶变换 → $F(u,v)$ → 低通滤波处理 → $G(u,v)$ → 傅里叶反变换 → $g(x,y)$

图 4.28　图像频域处理示意图

常用的低通滤波器有理想低通滤波器(ILPF)、巴特沃兹(Butterworth)滤波器(BLPF)、指数滤波器(ELPF)和梯形低通滤波器(TLPF)。

1. 理想低通滤波器(ILPF)

理想低通滤波器函数 $H(u,v)$ 如式(4.29)所示。

$$\begin{cases} H(u,v) = \begin{cases} 1, & D(u,v) \leqslant D_0 \\ 0, & D(u,v) > D_0 \end{cases} \\ D(u,v) = (u^2 + v^2)^{\frac{1}{2}} \end{cases} \tag{4.29}$$

以截止频率 D_0 为半径的圆内的所有频率都能无损地通过,而截止频率以外的频率分量完全被衰减。

截止频率 $D_0 = 5$ 的低通滤波器三维图形如图 4.29 所示,二维截面图形如图 4.30 所示。

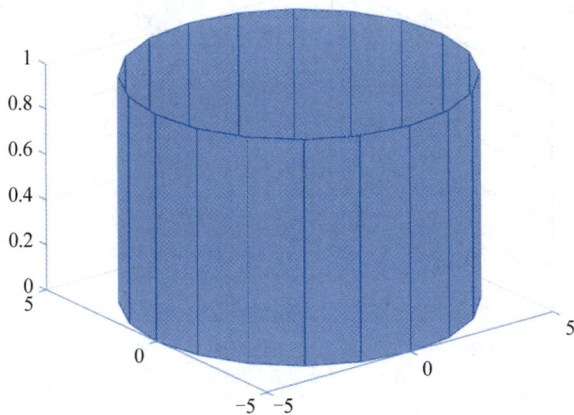

图 4.29　$D_0 = 5$ 的低通滤波器三维图形

例 4.13　利用理想低通滤波器对 coins.png 图像进行处理,截止频率分别取 10、30 和 100,并分析低通滤波效果。

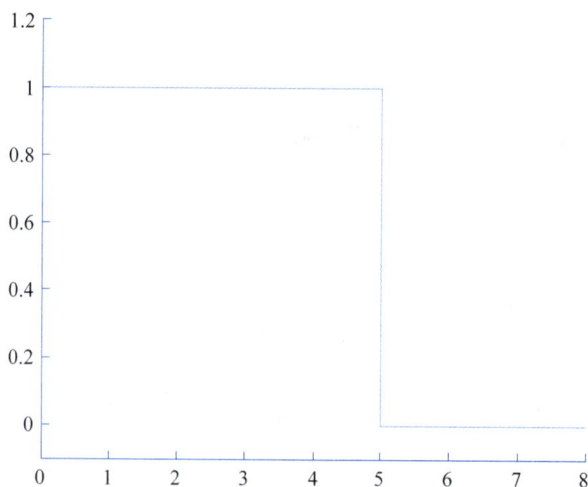

图 4.30　$D_0 = 5$ 的低通滤波器二维截面图形

【解】　MATLAB 程序如下：

```
clear,clc,close all
image = imread('coins.png');
image=imnoise(image,'salt & pepper',0.01);
gimage_10 = func_ilpf(image,10);
gimage_30 = func_ilpf(image,30);
gimage_100 = func_ilpf(image,100);
figure
subplot(221),imshow(image);
title('Original');
subplot(222),imshow(gimage_10);
title('D0=10');
subplot(223),imshow(gimage_30);
title('D0=30');
subplot(224),imshow(gimage_100);
title('D0=100');
%被调函数子函数 G(u,v)＝F(u,v)H(u,v)
function gimage = func_ilpf(image,D0)
image = double(image);
f = fftshift(fft2(image));
[M,N]=size(f);
a0 = fix(M/2);
b0 = fix(N/2);
for i=1:M
    for j=1:N
        D = sqrt((i-a0)^2+(j-b0)^2);
        if(D>D0)
```

```
                h=0;
            else
                h=1;
            end
            g(i,j)=h * f(i,j);
        end
    end
    gimage = uint8(real(ifft2(ifftshift(g))));
end
```

程序运行结果如图 4.31 所示。截止频率半径 D_0 越小,理想低通滤波器在降噪的同时,图像边缘细节也模糊了;当截止频率半径 D_0 合适时,图像在降噪的同时,能够较好地保留边缘细节。

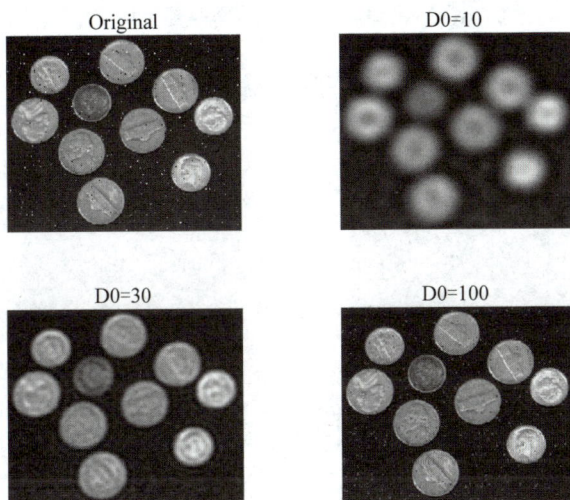

图 4.31　例 4.13 程序运行结果

2. 巴特沃兹滤波器(BLPF)

巴特沃兹滤波器函数 $H(u,v)$ 如式(4.30)所示。

$$\begin{cases} H(u,v)=1 \Big/ \left[1+\left(\dfrac{D(u,v)}{D_0}\right)^{2n}\right] \\ \text{或} \\ H(u,v)=1 \Big/ \left[1+\left(\dfrac{(\sqrt{2}-1)D(u,v)}{D_0}\right)^{2n}\right] \\ D(u,v)=(u^2+V^2)^{\frac{1}{2}} \end{cases} \quad (4.30)$$

图 4.32 为 $D_0=2$,$n=1$ 和 $n=2$ 情况下的巴特沃兹滤波器三维图形,图 4.33 为其二维截面图形。

巴特沃兹滤波器较理想低通滤波器处理后的图像模糊程度大大减小。

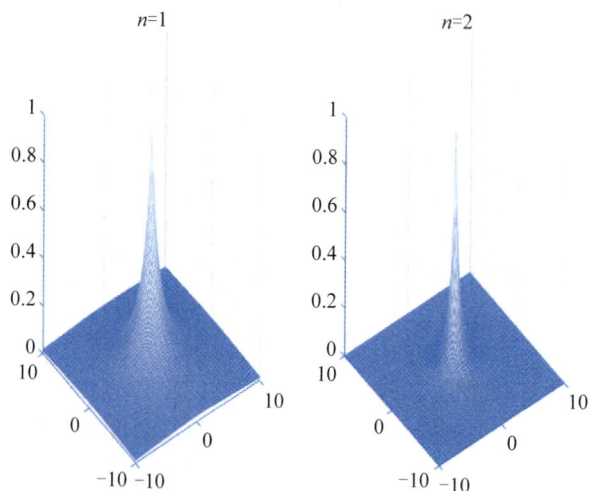

图 4.32　巴特沃兹滤波器三维图形

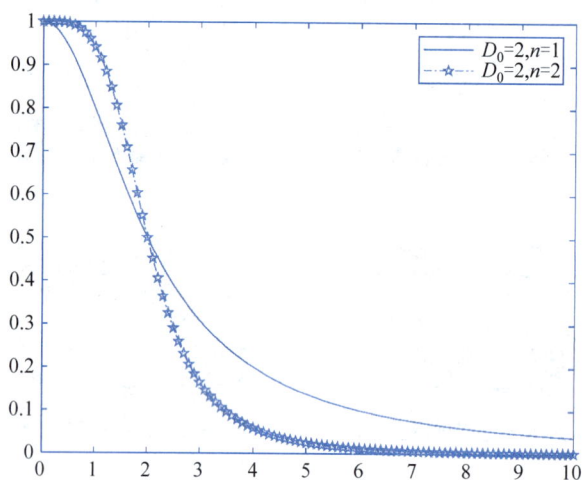

图 4.33　巴特沃兹滤波器二维截面图形

3. 指数滤波器（ELPF）

指数滤波器函数 $H(u,v)$ 如式（4.31）所示。

$$
\begin{cases}
H(u,v)=\mathrm{e}^{-\left[\frac{D(u,v)}{D_0}\right]^n} \\
\text{或} \\
H(u,v)=\mathrm{e}^{\left(\ln\frac{1}{\sqrt{2}}\right)\left[\frac{D(u,v)}{D_0}\right]^n} \\
D(u,v)=(u^2+v^2)^{\frac{1}{2}}
\end{cases}
\tag{4.31}
$$

图 4.34 为 $D_0=2,n=1$ 和 $n=2$ 情况下的指数滤波器二维截面图形。

通过图 4.33 和图 4.34 可以看出，巴特沃兹滤波器与指数滤波器的性能相似。

4. 梯形低通滤波器（TLPF）

梯形低通滤波器函数 $H(u,v)$ 如式（4.32）所示。

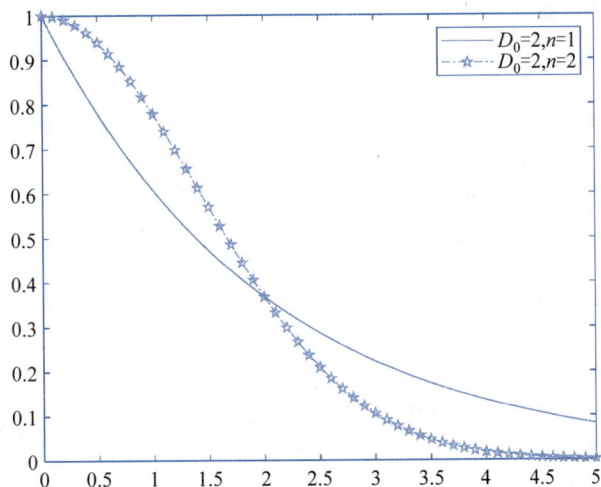

图 4.34　指数滤波器二维截面图形

$$\begin{cases} H(u,v) = \begin{cases} 1, & D(u,v) < D_0 \\ \dfrac{1}{D_0 - D_1}\big[D(u,v) - D_1\big], & D_0 \leqslant D(u,v) \leqslant D_1 \\ 0, & D(u,v) > D_1 \end{cases} \\ D(u,v) = (u^2 + v^2)^{\frac{1}{2}} \end{cases} \tag{4.32}$$

梯形低通滤波器二维截面图形如图 4.35 所示。

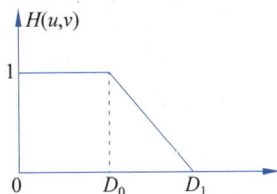

图 4.35　梯形低通滤波器二维截面图形

梯形低通滤波器性能介于理想低通滤波器和具有平滑过渡带滤波器之间。

4.3.2　高通滤波

高通滤波器允许高频信号通过,并抑制低频信号,其工作原理与低通滤波器正好相反,通过移除低频分量来突出高频特征,以理性高通滤波器为例,如式(4.33)所示。

$$H(u,v) = \begin{cases} 0, & D(u,v) \leqslant D_0 \\ 1, & D(u,v) > D_0 \end{cases} \tag{4.33}$$

理性高通滤波器在半径为 D_0 的范围内,所有频率都完全被衰减移除掉,该半径之外的所有频率无衰减地通过滤波器。

因为边缘处于高频段,所以在频域中提取边缘,则需要进行高通滤波处理。

例 4.14　利用理想高通滤波器对 coins.png 图像进行处理,截止频率分别取 10 和 30,并分析高通滤波效果。

【解】   MATLAB 程序如下：

```
clear,clc,close all
image = imread('coins.png');
gimage_10 = func_ihpf(image,10);
gimage_30 = func_ihpf(image,30);
figure
subplot(1,3,1),imshow(image);
title('Original');
subplot(1,3,2),imshow(gimage_10);
title('D0=10');
subplot(1,3,3),imshow(gimage_30);
title('D0=30');

%被调函数子函数 G(u,v)=F(u,v)H(u,v)
function gimage = func_ihpf(image,D0)
image = double(image);
f = fftshift(fft2(image));
[M,N]=size(f);
a0 = fix(M/2);
b0 = fix(N/2);
for i=1:M
    for j=1:N
        D = sqrt((i-a0)^2+(j-b0)^2);
        if(D>D0)
            h=1;
        else
            h=0;
        end
        g(i,j)=h * f(i,j);
    end
end
gimage = uint8(real(ifft2(ifftshift(g))));
end
```

程序运行结果如图 4.36 所示。截止频率半径 D_0 较小时，理想高通滤波器处理后的图像较较大截止半径时，图像更明亮一些，因为低频部分通过得更多一些，即图像平滑区域保留得更多一些。

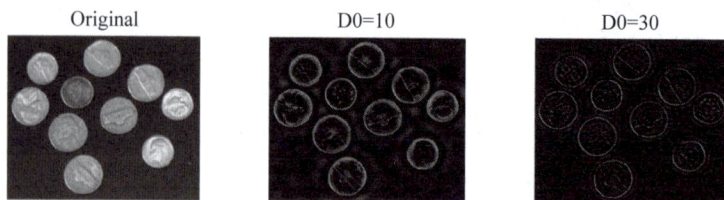

图 4.36   例 4.14 程序运行结果

习　题　四

1. 图像增强的目的是什么? 它包含哪些内容?

2. 灰度直方图的横坐标是_____,纵坐标是_____。

3. 图像平滑是利用噪声主要分布在_____段的特点,进行_____滤波。

4. 采用线性变换对图像 ciqi.jpg 进行图像增强,应用函数 imadjust 将图像在 $0.2\times255\sim0.8\times255$ 灰度的值通过线性变换映射到 $0\sim255$。

5. 书写彩色图像 rice.png 的灰度图像归一化直方图程序,并显示归一化直方图。

6. 假定有一幅总像素数为 4050 的图像,灰度级数为 8 级,如表 4.4 所示,试对其进行直方图均衡化处理。

表 4.4　各灰度级分布

K	0	1	2	3	4	5	6	7
n_k	780	1020	830	630	360	200	150	80

7. 试给出把灰度范围 $(0,10)$ 拉伸为 $(0,15)$,把灰度范围 $(10,20)$ 移到 $(15,25)$,并把灰度范围 $(20,30)$ 压缩为 $(25,30)$ 的变换方程。

8. 设图像如图 4.37 所示,分别求经过邻域平滑和高通算子锐化的结果。其中边缘点保持不变,邻域平滑掩码取 3×3 矩阵,即 $H=\dfrac{1}{8}\begin{bmatrix} 1 & 1 & 1 \\ 1 & 0 & 1 \\ 1 & 1 & 1 \end{bmatrix}$;邻域高通算子取 3×3 矩阵,

即 $H=\begin{bmatrix} -1 & -1 & -1 \\ -1 & 8 & -1 \\ -1 & -1 & -1 \end{bmatrix}$。

1	1	3	4	5
2	1	4	5	5
2	3	5	4	5
3	2	3	3	2
4	5	4	1	1

图 4.37　习题 8 的图像

9. 简述梯度法与拉普拉斯算子检测边缘的异同点。

第5章

图像压缩编码

图像在现代社会中扮演着重要的角色，它们用于电视、电影、广告等多个领域，然而由于图像数据量庞大，传输和存储成本较高。为了解决这个问题，图像压缩技术应运而生。

5.1 数字图像压缩基本概念

数据压缩是以较少的数据量表示信源。数据压缩的目的在于节省存储空间、传输时间、信号频带或发送能量等，数据压缩系统组成如图 5.1 所示。

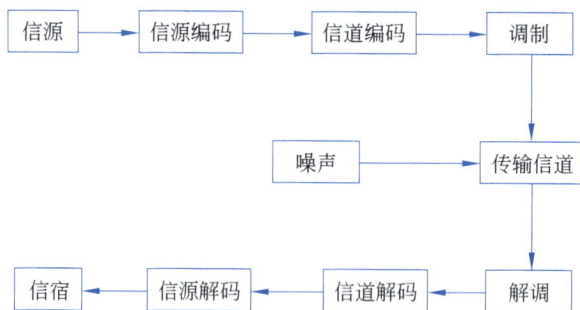

图 5.1 数据压缩系统组成

图像是信源的一种形式，且大部分图像存在冗余信息，为了减少图像占用存储空间的容量，降低传输带宽，提高传输速率，有必要对图像进行压缩编码研究。

图像之所以能压缩，是因为一般图像中存在着以下数据冗余因素。

（1）编码冗余。一般情况下，灰度图像每像素占用 8 位二进制，彩色图像每像素占用 24 位二进制，都为等长编码，等长编码就会存在冗余，因此，可以利用非等长编码对图像进行压缩。

（2）图像中各像素之间、行和帧之间存在着较强的相关性形成的冗余。图 5.2 中，比如房顶、塔或者草地内部各相邻像素间颜色很相似，因此它们之间存在相关性，有冗余信息。

图 5.3 是视频中相邻的两帧图像，如果汽车速度和方向已知，则可以通过前一帧图像推出后面一帧图像，因此相邻帧间存在相关性，即存在冗余信息。

（3）视觉特性引起的冗余。由于人眼的视觉特性所限，人眼不能完全感受到图像画面的所有细小的变化。人类视觉系统一

图 5.2 图像中各像素间相关性示例

图 5.3　视频中帧间相关性示例

般分辨率大约是 2^6 灰度等级，而图像的量化一般是 2^8 灰度等级，这样就会产生视觉冗余。

图像压缩后，虽然丢了一些信息，但从人眼的视觉上并未感受到其中的变化，而仍认为图像具有良好的质量。

图像压缩是通过减少图像数据量来减小图像文件的大小。常用的压缩方法包括无损压缩和有损压缩。

无损压缩方法通过消除图像中的冗余信息来实现文件大小的减小，同时保持图像质量不变。无损压缩是指压缩后的数据可以完全还原为原始图像数据，不会引入任何失真或变化。常见的无损压缩算法有行程编码、Huffman 编码、Shannon 编码、算术编码、轮廓编码等，这些算法通常针对图像中的冗余数据进行编码。

有损压缩方法则在一定程度上牺牲图像质量，以达到更高的压缩比。有损压缩则是在保证一定程度的视觉质量下，通过舍弃或近似原始图像数据来减小存储或传输的数据量。常见的有损压缩算法有 JPEG、JPEG2000、预测编码、变换编码、混合编码等。JPEG、JPEG2000 算法通过离散余弦变换（DCT）、小波变换或颜色量化等方法，将图像数据转换为频域或颜色空间的系数，并通过量化、编码和压缩等步骤来减小数据量。

图像压缩中，常用的图像压缩技术指标有熵、平均码长、编码效率、压缩比等。

5.1.1　熵

熵代表信源所含的平均信息量。

若信源编码的熵大于信源的实际熵，则信源中的数据一定存在冗余度，冗余数据的去除不会减少信息量。信息量与数据量的关系如式(5.1)所示。

$$I = D - a \tag{5.1}$$

式中，I、D、a 分别表示信息量、数据量和冗余量。

设数字图像像素灰度级集合为 $(w_1, w_2, \cdots, w_k, \cdots, w_M)$，其对应的概率分别为 $(p_1, p_2, \cdots, p_k, \cdots, p_M)$，则数字图像的熵 H 如式(5.2)所示。

$$H = -\sum_{k=1}^{M} p_k \log_2 p_k \tag{5.2}$$

5.1.2　平均码长

设 β_k 为数字图像第 k 个码字 C_k 的长度（二进制码的位数），其相应出现的概率为 p_k，则这幅图像的平均码长 R 如式(5.3)所示。

$$R = \sum_{k=1}^{M} \beta_k p_k \tag{5.3}$$

例 5.1 已知 $C_0=00, C_1=01, C_2=1, C_3=101, p_0=0.25, p_1=0.25, p_2=0.3, p_3=0.2$，其平均码长是多少？

【解】

$$R = \sum_{k=0}^{3} C_k p_k = 2 \times 0.25 + 2 \times 0.25 + 1 \times 0.3 + 3 \times 0.2 = 1.9$$

因此平均码长为 1.9。

5.1.3 编码效率

编码效率如式(5.4)所示。

$$\eta = \frac{H}{R}(\%) \tag{5.4}$$

式中，H 为信源熵，R 为平均码字长度。

5.1.4 压缩比

为了表达对图像压缩的程度，引入压缩比概念，如式(5.5)所示。

$$C = \frac{b_1}{b_2} \tag{5.5}$$

式中，b_1 表示压缩前图像每像素的平均比特数，b_2 表示压缩后图像每像素的平均比特数。

5.1.5 统计编码

统计编码根据信源的概率分布特性，分配具有唯一可译性的可变长码字，降低平均码长，以提高信息的传输速率，节省存储空间。

统计编码的基本原理是在信号概率分布情况已知的基础上，概率大的信号对应的码字短，概率小的信号对应的码字长，这样就降低了平均码长。统计编码遵循变长最佳编码定理，则可获得最佳编码。

变长最佳编码定理：在变长编码中，对出现概率大的信息符号赋予短码字，而对于出现概率小的信息符号赋予长码字。如果码字长度严格按照所对应符号出现概率大小逆序排列，则编码结果平均码长一定小于任何其他排列方式。

下面主要讲解 Huffman 编码、Shannon 编码和算术编码方法。

5.2 Huffman 压缩编码

Huffman 编码是根据可变长度最佳编码定理，应用 Huffman 算法而产生的一种编码方法。它的平均码长在具有相同输入概率集合的前提下，比其他任何一种唯一可译码都小，因此，也常称其为紧凑码。

Huffman 编码步骤如下。

（1）先将输入灰度级按出现的概率由大到小顺序排列（对概率相同的灰度级可以任意颠倒排列位置）。

（2）将最小两个概率相加，形成一个新的概率集合。

再按第（1）步方法重排（此时概率集合中概率个数已减少一个）。如此重复进行直到只有两个概率为止。

（3）分配码字。码字分配从最后一步开始反向进行，对最后两个概率一个赋予"0"码，一个赋予"1"码。如概率 0.6 赋予"0"码，0.4 赋予"1"码（也可以将 0.6 赋予"1"码，0.4赋予"0"码），如此反向进行到开始的概率排列。

在此过程中，若概率不变，仍用原码字。

例 5.2 设一幅灰度级为 8（分别用 W_1、W_2、W_3、W_4、W_5、W_6、W_7、W_8 表示）的图像中，各灰度级所对应的概率分别为 0.40、0.18、0.10、0.10、0.07、0.06、0.05、0.04。现对其进行 Huffman 编码，并计算编码效率。

【解】 根据上述编码步骤，对该例题进行压缩编码，编码过程如下：

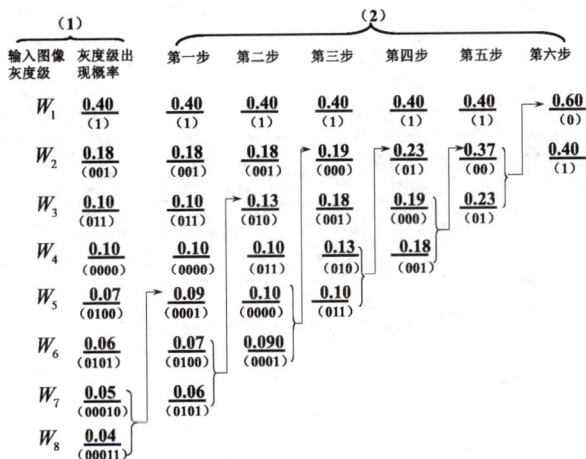

上述编码过程中，第六步中概率 0.4 到第五步中仍用"1"码。

若概率分裂为两个，其码字前几位码元仍用原来的。码字的最后一位码元一个赋予"0"码元，另一个赋予"1"码元。如第六步中概率 0.6 到第五步中裂为 0.37 和 0.23，则所得码字分别为"00"和"01"。

信源熵：

$$H = -\sum_{i=1}^{8} P_i \log_2 P_i$$

$$= -\begin{pmatrix} 0.4\log_2 0.4 + 0.18\log_2 0.18 + 2 \times 0.1\log_2 0.1 \\ + 0.07\log_2 0.07 + 0.06\log_2 0.06 + 0.05\log_2 0.05 \\ + 0.04\log_2 0.04 \end{pmatrix}$$

$$= 2.55$$

平均码长：

$$R = \sum_{i=1}^{8} \beta_i P_i$$

$$= 0.40 \times 1 + 0.18 \times 3 + 0.10 \times 3 + 0.10 \times 4 + 0.07 \times 4 +$$

$$0.06 \times 4 + 0.05 \times 5 + 0.04 \times 5$$

$$= 2.61$$

编码效率：

$$\eta = \frac{H}{R} = \frac{2.55}{2.61} = 97.8\%$$

由此可见，Huffman 编码的编码效率是相当高的，其冗余度只有 2.2%。

如果采用等长编码，由于有 8 个灰度级，则每个灰度级至少需要 3 比特来表示，对于例 5.2 中的图像而言，其编码的平均码长为 3，编码效率为 85%。

对不同概率分布的信源，Huffman 编码的编码效率有所差别。

根据信息论中信源编码理论，对于二进制编码，当信源概率为 2 的负幂次方时，Huffman 编码的编码效率可达 100%，其平均码长也很短；而当信源概率为均匀分布时，其编码效果明显降低。Huffman 编码在不同概率分布下编码效果对比如表 5.1 所示。

表 5.1 Huffman 编码在不同概率分布下编码效果对比

信源符号	概率分布为 2 的负幂次方			概率分布为均匀分布		
	出现概率	Huffman 编码	平均码长	出现概率	Huffman 编码	平均码长
S0	2^{-1}	1	1	0.125	111	3
S1	2^{-2}	01	2	0.125	110	3
S2	2^{-3}	001	3	0.125	101	3
S3	2^{-4}	0001	4	0.125	100	3
S4	2^{-5}	00001	5	0.125	011	3
S5	2^{-6}	000001	6	0.125	010	3
S6	2^{-7}	0000001	7	0.125	001	3
S7	2^{-1}	0000001	7	0.125	000	3
编码效率	$H=1.984375$	$R=1.984375$	$\eta=100\%$	$H=3$	$R=3$	$\eta=100\%$

在表 5.1 中，显然，第二种情况的概率分布也服从 2 的负幂次方，故其编码效率 η 也可以达到 100%，但由于它服从均匀分布，其熵最大，平均码长很大，因此从其他指标（如压缩比 r）看，其编码效果欠佳。也就是说，在信源概率接近均匀分布时，一般不使用 Huffman 编码。

通过上述分析，Huffman 编码性能如下。

（1）实现 Huffman 编码的基础是统计信源数据中各信号的概率分布。

（2）Huffman 编码在无失真的编码方法中效率优于其他编码方法，是一种最佳变长码，其平均码长接近熵值。

（3）当信源数据成分复杂时，庞大的信源集致使 Huffman 码表较大，码表生成的计算量增加，编译码速度相应变慢。

（4）不等长编码致使硬件译码电路实现困难，上述原因致使 Huffman 编码的实际应用受到限制。

5.3　Shannon 压缩编码

Shannon 提出了将信源符号依其概率降序排列，用符号序列累积概率的二进制表示作为对信源的唯一可译编码，即 Shannon 编码。

Shannon 编码应用于图像编码的步骤如下。

（1）将输入灰度级按其出现的概率从大到小排列。

（2）按照式（5.6）计算出各概率对应的码字长度 t_i。

$$-\log_2 p_i \leqslant t_i < -\log_2 p_i + 1 \tag{5.6}$$

（3）计算各概率对应的累加概率 a_i，如式（5.7）所示。

$$\begin{cases} a_1 = 0 \\ a_2 = p_1 \\ a_3 = p_2 + a_2 = p_2 + p_1 \\ a_4 = p_3 + a_3 = p_3 + p_2 + p_1 \\ \qquad\qquad \vdots \\ a_i = p_{i-1} + p_{i-2} + \cdots + p_1 \end{cases} \tag{5.7}$$

（4）把各个累加概率由十进制数转换成二进制数，转换位数即步骤（2）中 t_i。

例 5.3　图像概率分布同例 5.2，对其进行 Shannon 编码。

【解】

输入图像灰度级	(1) 灰度级出现概率	(2) 计算 t_i	(3) 计算 a_i	(4) 码字
W_1	0.40	2	0	00
W_2	0.18	3	0.40	011
W_3	0.10	4	0.58	1001
W_4	0.10	4	0.68	1010
W_5	0.07	4	0.78	1100
W_6	0.06	5	0.85	11011
W_7	0.05	5	0.91	11101
W_8	0.04	5	0.96	11110

5.4　算 术 编 码

在信源各符号概率接近的条件下，算术编码是一种优于 Huffman 编码的方法。有关实验数据表明，即使在未知信源概率分布的情况下，算术编码一般也优于 Huffman 编码。

算术编码基本思想如下。

（1）将要压缩的数据 X 映射到[0,1)实数区间中的某一区段上的实数,该实数的二进制展开式即为原符号串的压缩编码结果。

（2）算术编码通过对当前的概率区间进行迭代分割来确定实数。

（3）算术编码是根据信源符号选区间,即在[0,1]区间里确定一个最后的小区间。

（4）算术编码是一种从整个符号序列出发,采用递推形式连续编码的方法。它将一个符号序列映射为一个实数。算术编码中,单个源符号和码字间的一一对应关系并不存在。

（5）算术编码是具体构造出的用小数表示信息的方法,因为小数随位数的增加,它的精度也随之提高,从信息的角度来说,它所含有的信息量也随之增加。

（6）随着符号序列中的符号数量增加,用来代表它的区间减小而用来表达区间所需的信息单位（如比特）的数量变大。

下面结合一个实例来阐述算术编码方法。

例 5.4　已知信源 $X = \begin{bmatrix} 0 & 1 \\ 1/4 & 3/4 \end{bmatrix}$,试对 1011 进行算术编码。

【解】

（1）二进制信源符号只有两个,即"0"和"1"。

设置小概率：$Q_c = 1/4$。

大概率：$P_c = 1 - Q_c = 3/4$。

（2）设 B 为子区的左端起始位置,L 为子区的长度（等效于符号概率）。

符号"0"的子区为[0,1/4]；左端 $B = 0$,长 $L = 1/4$。

符号"1"的子区为[1/4,1]；左端 $B = 1/4$,长 $L = 3/4$。

（3）在编码运算过程中,随着消息符号的出现,子区按下列规则缩小。

规则 A：新子区左端＝前子区左端＋当前符号子区左端×前子区长度。

规则 B：新子区长度＝前子区长度×当前符号子区的长度。

（4）初始子区为[0,1],即 $0 \le x \le 1$,编码算法如下：

步序	符号	子区左端	子区长度
(a)	1	0+ 1/4×1 =1/4	1 × 3/4 = 3/4
(b)	0	1/4+0×3/4 = 1/4	3/4 ×1/4 = 3/16
(c)	1	1/4+1/4×3/16	3/16 × 3/4
		= 19/64	= 9/64
(d)	1	19/64+1/4×9/64	9/64 × 3/4
		= 85/256	= 27/256

最后的子区左端（起始位置）：
$$B = (85/256)d = (0.01010101)b$$

最后的子区长度：
$$L = (27/256)d = (0.00011011)b$$

最后的子区右端(子区间尾)：

$$85/256+27/256=(7/16)d=(0.0111)b$$

编码结果：在子区头尾之间取值，其值为 0.011，可编码为 011，原来 4 个符号 1011 被压缩为三个符号 011。

考虑到算术编码中任何数据序列的编码都含有"0."，所以在编码时，可以不考虑"0."。

例 5.5　设输入两种符号 A 和 B，它们出现的概率分别是 3/4 和 1/4，需要编码的信息为 AABA，试对其进行算术编码。

【解】

算术编码过程如下。

从[0,1)开始，符号依次迭代分解区间。

(1) 第一个字符 A，取[0,1)区间的前 3/4，即区间[0,3/4)。

(2) 第二个字符 A，取[0,3/4)区间的前 3/4，即区间[0,9/16)。

(3) 第三个字符 B，取[0,9/16)区间的后 1/4，即区间[27/64,9/16)。

(4) 第四个字符 A，取[27/64,9/16)区间的前 3/4，即区间[27/64,135/256)，其二进制表示为[0.011011,0.10000111)。

(5) 所余区间中位数最少的小数就是所要的编码输出，在上述最后区间的二进制表示中，最少位数的小数是 0.1，所以 AABA 的编码输出仅需 1 比特编码。

思考题：

设一待编码的数据序列(即信源)为"dacab"，信源中各符号出现的概率依次为 $P(a)=0.4$，$P(b)=0.2$，$P(c)=0.2$，$P(d)=0.2$。请思考利用上述哪种算术编码方法更好。

5.5　预测编码与变换编码

1. 预测编码

预测编码的基本思想：在某种模型的指导下，根据过去的样本序列推测当前的信号样本值，然后用实际值与预测值之间的误差值进行编码。

如果模型与实际情况符合得比较好且信号序列的相关性较强，则误差信号的幅度将远远小于样本信号。

2. 变换编码

通过数学变换可以改变信号能量的分布，从而压缩信息量。比如，第 3 章中的傅里叶变换、离散沃尔什变换、离散哈达玛变换等。

图像压缩技术在多个领域都有着广泛的应用，包括图像传输、存储和展示等，然而当前的图像压缩方法仍然存在一些问题，比如压缩质量和压缩速度之间的平衡，以及特定类型图像的压缩效果等。未来的研究方向包括深度学习在图像压缩中的应用、更高效的压缩算法以及对不同类型图像进行自适应压缩等。

习 题 五

1. 阐述数据压缩的必要性。

2. 大部分视频压缩方法是有损压缩还是无损压缩？为什么？

3. Huffman 编码有何优缺点？

4. Huffman 编码是最佳编码，为什么还要研究算术编码等其他熵编码方法？

5. 设某幅图像共有 8 个灰度级，各灰度级出现概率分别为：

$$P_1=0.50 \quad P_2=0.01 \quad P_3=0.03 \quad P_4=0.05$$
$$P_5=0.05 \quad P_6=0.07 \quad P_7=0.19 \quad P_8=0.10$$

试对此图像进行 Huffman 编码和 Shannon 编码，并计算比较两种编码方法的效率。

6. 设有一幅图像，其尺寸为 8×8，其灰度级分布如下：

```
4   4   4   4   4   4   4   0
4   5   5   5   5   5   4   0
4   5   6   6   6   5   4   0
4   5   6   7   6   5   4   0
4   5   6   7   6   5   4   0
4   5   5   5   5   5   4   0
4   4   4   4   4   4   4   0
4   4   4   4   4   4   4   0
```

试对该图像进行 Huffman 编码，并计算编码效率。

7. 已知信源 $X=\begin{bmatrix} 0 & 1 \\ 1/4 & 3/4 \end{bmatrix}$，试对 1001 和 10111 进行算术编码。

第6章

图 像 分 割

在图像的研究和应用中,人们往往仅对图像中的某些部分感兴趣,这些部分一般称为目标或前景;为了辨识和分析目标,需要将有关区域分离提取出来,在此基础上对目标区域进行进一步分析和处理,如进行特征提取和测量;图像分割是指把图像分成各具特性的区域,并提取出感兴趣目标的技术过程。

图像分割工程应用案例:回收不同颜色塑料瓶,对塑料瓶图像的分割。该图像分割实例是基于绿色可持续发展理念,旨在实现能源的有效回收和利用,契合国家大力倡导的可持续发展和能源有效利用的社会背景。

6.1 图像分割概述

图像分割算法基于颜色值的相似性或不连续性。根据制定的准则,将图像分割为相似的区域,如阈值处理、区域生长、区域分裂与合并等;不连续性是基于亮度的不连续变化分割图像,如图像的边缘等。

图像分割分类如图 6.1 所示。

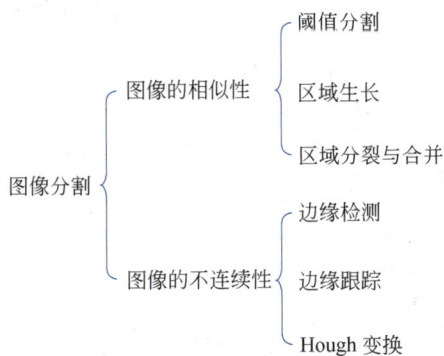

图 6.1 图像分割分类

图 6.2 为一幅汽车场景图像,图像分割将汽车作为目标从背景图像中分割,为后续分析奠定基础。

图像分割结果中同一个子区域内的像素应当是连通的,同一个子区域内的任意两个像素在该子区域内应该是互相连通的。

(a) 原始图像　　　　　　　　　　　　(b) 分割后的图像

图 6.2　图像分割示例

6.2　像素邻域与连通性

1. 4 邻域

对一个坐标为 (x, y) 的像素 p，其有两个水平和两个垂直的近邻像素，它们的坐标分别是 $(x+1, y), (x-1, y), (x, y+1), (x, y-1)$，这四个像素称为 p 的 4 邻域，如图 6.3 所示。

互为 4 邻域的像素又称为 4 连通的。

图 6.3　4 邻域示例

2. 8 邻域

像素 p 相邻 8 个像素称为像素 p 的 8 邻域，如图 6.4 所示。

互为 8 邻域的像素又称为 8 连通的。

目标和背景的连通性定义必须不同，否则会引起矛盾，如图 6.5 所示，如果图像中 1 作为目标物体像素，0 作为背景像素，那么目标物体按照 8 连通判断，背景则需要按照 4 连通判断。

图 6.4　8 邻域示例

```
0 0 0 0 0
0 1 1 0 0
0 1 0 1 0
0 1 1 1 0
0 0 0 0 0
```

图 6.5　目标和背景的连通性

例 6.1　根据 4/8 连通准则，判断二值图像中目标物体数量。

【解】　应用函数 bwlabel 可以根据 4 连通或 8 连通准则，在给定的二值图像矩阵 BW 中寻找目标。

MATLAB 程序如下：

```
BW = [1 1 1 0 0 0 0 0;
      1 1 1 0 1 1 0 0;
      1 1 1 0 1 1 0 0;
```

```
        1 1 1 0 0 0 1 0;
        1 1 1 0 0 0 1 0;
        1 1 1 0 0 0 1 0;
        1 1 1 0 0 1 1 0;
        1 1 1 0 0 0 0 0];          %给定的二值图像矩阵
L4 = bwlabel(BW,4)                 %根据 4 连通准则判定目标
L8 = bwlabel(BW,8)                 %根据 8 连通准则判定目标
```

根据 4 连通准则,得到的目标物体是 3 个:

```
L4 = 1 1 1 0 0 0 0 0
     1 1 1 0 2 2 0 0
     1 1 1 0 2 2 0 0
     1 1 1 0 0 0 3 0
     1 1 1 0 0 0 3 0
     1 1 1 0 0 0 3 0
     1 1 1 0 0 3 3 0
     1 1 1 0 0 0 0 0
```

根据 8 连通准则,得到的目标物体是 2 个:

```
L8 = 1 1 1 0 0 0 0 0
     1 1 1 0 2 2 0 0
     1 1 1 0 2 2 0 0
     1 1 1 0 0 0 2 0
     1 1 1 0 0 0 2 0
     1 1 1 0 0 0 2 0
     1 1 1 0 0 2 2 0
     1 1 1 0 0 0 0 0
```

6.3　阈 值 分 割

阈值分割是一种广泛使用的图像分割技术。

利用图像中要提取的目标物与其背景在灰度特性上的差异,把图像视为具有不同灰度级的两类区域(目标和背景)的组合,选取一个合适的阈值.以确定图像中每一个像素应该属于目标还是背景区域,从而产生相应的二值图像。

阈值分割的优点:大量压缩数据,减少存储容量,大大简化其后的分析和处理步骤。

若图像中目标和背景具有不同的灰度集合,且两个灰度集合可用一个灰度级阈值 T 进行分割,这样就可以用阈值分割灰度级的方法在图像中分割出目标区域与背景区域。

设图像为 $f(x,y)$,其灰度值范围为 $[Z_1,Z_K]$,在 Z_1 和 Z_K 之间以一定的准则在原

始图像 $f(x,y)$ 中找出合适的灰度值作为阈值 t，则分割后的图像 $g(x,y)$，如式(6.1)或者式(6.2)所示。

$$g(x,y)=\begin{cases}1, & f(x,y)\geqslant t \\ 0, & f(x,y)<t\end{cases} \tag{6.1}$$

$$g(x,y)=\begin{cases}0, & f(x,y)\geqslant t \\ 1, & f(x,y)<t\end{cases} \tag{6.2}$$

图 6.6 是根据式(6.1)对图像 coins.png 进行阈值分割。

当阈值选取为 88 时，能将图中目标物体与背景很好地进行分割，如果阈值选取 62 或者 164，即高于或者低于最佳阈值时，则分割效果欠佳，目标物体和背景会被混淆进行分割。如果阈值选取过高，则过多的目标点被误归为背景；阈值选得过低，则会出现相反的情况。

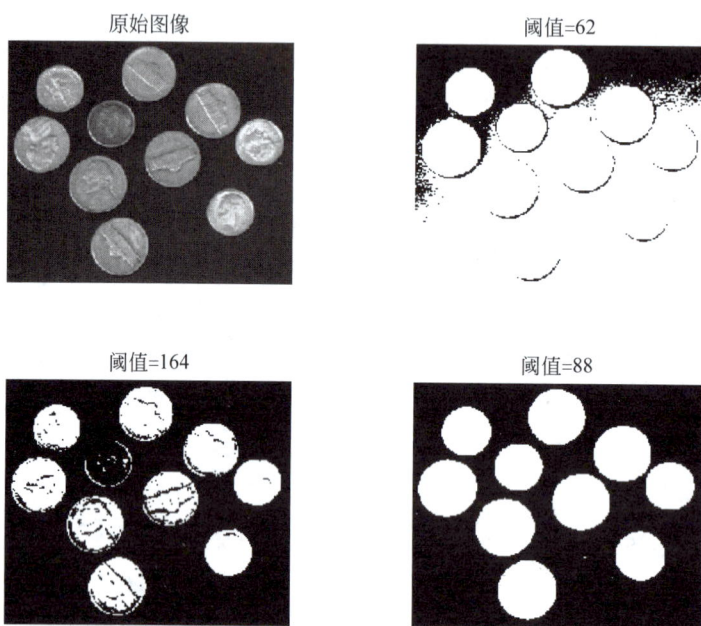

图 6.6　阈值分割示例

要从复杂的景物中分辨出目标并将其形状完整地提取出来，阈值的选取是阈值分割技术的关键。

阈值分割必须满足一个假设条件：图像的直方图具有较明显的双峰或多峰，在谷底选择阈值，因此这种方法对目标和背景反差较大的图像进行分割的效果较佳，而且能用封闭、连通的边界定义不交叠的区域。

阈值分割方法主要分为全局和局部两种，目前应用的阈值分割方法都是在此基础上发展起来的。

6.3.1　全局阈值分割

全局阈值是指整幅图像使用同一个阈值做分割处理，适用于背景和前景有明显对比的图像,它是根据整幅图像确定的,但是这种方法只考虑像素本身的灰度值,一般不考虑空间特征,因而对噪声很敏感。常用的全局阈值选取方法有双峰阈值法、最大类间方差法、二维最大熵阈值分割法等,其中应用最广泛的是最大类间方差法。

1. 双峰阈值法

双峰阈值法是一种用于图像分割的简单而有效的方法,适用于具有明显双峰直方图的图像,图 6.7 为双峰直方图。

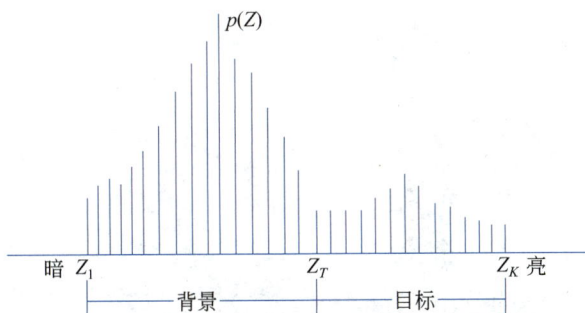

图 6.7　双峰直方图

双峰阈值法的基本原理如下。

(1) 直方图分析。首先,对待分割的图像进行灰度直方图分析。直方图是一个表示图像中每个灰度级别像素数量的图表。在双峰阈值法中,图像的直方图通常呈现出两个明显的峰,这两个峰分别对应目标物体和背景的灰度级别。

(2) 寻找阈值。在直方图中,双峰阈值法通过寻找两个峰值之间的谷底来确定阈值。这个谷底的灰度级通常被选为分割目标对象和背景的阈值。

(3) 阈值分割。选定阈值后,将图像中的每个像素与阈值进行比较。如果像素的灰度值高于阈值,则将其归类为一类(目标物体或背景);如果低于阈值,则归类为另外一类(背景或目标物体),这样整个图像就被分成了目标物体和背景两部分。

(4) 后处理(可选项)。在某些情况下,可以通过一些后处理步骤来进一步优化分割结果。例如,可以去除小的噪声区域,填补孤立的空洞,或者连接断裂的目标区域。

双峰阈值法的优势在于其简单性和直观性,但它在处理复杂图像、噪声较多或灰度分布不均匀的情况下可能效果欠佳。

例 6.2　对 coins.png 图像进行双峰阈值分割。

【解】　MATLAB 程序如下:

```
clear,clc,close all
I = imread('coins.png');
imhist(I),title('原始图像直方图')
I1=(I>88);
figure
subplot(1,2,1),imshow(I),title('原始图像')
subplot(1,2,2),imshow(I1),title('分割图像')
```

程序运行结果如图 6.8 和图 6.9 所示。图 6.8 是原始图像直方图,图 6.9 是原始图像与阈值为 88 的分割图像,阈值 88 是由直方图双峰间的谷底确定的。

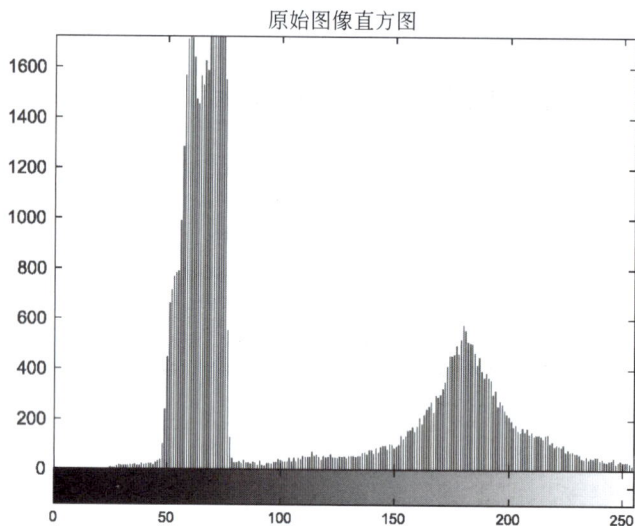

图 6.8　原始图像直方图

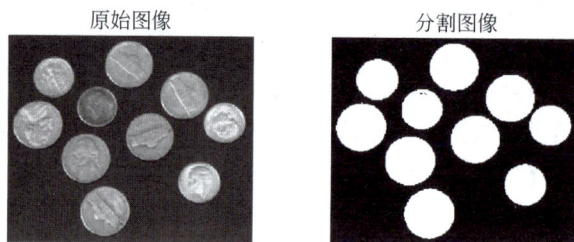

图 6.9　原始图像与阈值为 88 的分割图像

应用双峰阈值法来分割图像,需要有一定的图像先验知识,因为同一直方图可以对应若干类不同的图像,直方图表明图像中各个灰度级上有多少个像素,并不描述这些像素的任何位置信息。

例如一个双峰直方图可能对应一个左黑右白的图像,也可能对应一个黑白相间的噪声图像。双峰阈值法对前者有效而对后者毫无效果,因此只根据直方图选择阈值并不一定合适,还要结合图像内容和分割结果来确定。

该方法不适用于直方图中双峰差别很大或双峰间的谷比较宽广而平坦的图像,以及单峰直方图的情况。

2. 最大类间方差法

最大类间方差法是由 Otsu 提出的一种全局阈值分割技术,是一种常用的图像分割方法,其基本思想是将图像分为背景和前景两部分,使得两部分的类间方差达到最大。

类间方差表示的是每个类别的样本与整体数据集均值之间的差异性。当类别样本间的差异较大时,类间方差较大;反之,当类别样本间的差异较小时,类间方差较小,因此,类间方差可以衡量不同类别之间的可分离程度。

Otsu 阈值分割方法:该方法是通过最小化类内方差和最大化类间方差来确定阈值。具体而言,可以先将图像中所有像素按照灰度值从小到大排序,然后分别计算每个灰度值下的前景和背景像素数量、均值和方差;然后可以遍历所有可能的阈值并计算出每个阈值下两类之间的类间方差,并选取使类内方差小而类间方差大的灰度值作为阈值。

具体处理步骤如下。

设原始灰度图像灰度级为 L,灰度级为 i 的像素数为 n_i,则图像的全部像素数如式(6.3)所示。

$$N = n_0 + n_1 + \cdots + n_{L-1} \tag{6.3}$$

归一化直方图如式(6.4)所示。

$$p_i = \frac{n_i}{N} \tag{6.4}$$

按灰度级用阈值 t 把图像分为两类,即 C_0 和 C_1,如式(6.5)所示。

$$\begin{cases} C_0 = (0,1,\cdots,t) \\ C_1 = (t+1,t+2,\cdots,L-1) \end{cases} \tag{6.5}$$

C_0 类和 C_1 类出现的概率如式(6.6)所示。

$$\begin{cases} w_0 = \sum_{i=0}^{t} p_i = w(t) \\ w_1 = \sum_{i=t+1}^{L-1} p_i = 1 - w(t) \end{cases} \tag{6.6}$$

C_0 类和 C_1 类均值如式(6.7)所示。

$$\begin{cases} \mu_0 = \sum_{i=0}^{t} \frac{ip_i}{w_0} = \frac{\mu(t)}{w(t)} \\ \mu_1 = \sum_{i=t+1}^{L-1} \frac{ip_i}{w_1} = \frac{\mu_T(t) - \mu(t)}{1 - w(t)} \\ \mu(t) = \sum_{i=0}^{t} ip_i \\ \mu_T = \mu(L-1) = \sum_{i=0}^{L-1} ip_i \end{cases} \tag{6.7}$$

通过上述分析,可得如式(6.8)所示的关系运算式:

$$\begin{cases} w_0\mu_0 + w_1\mu_1 = \mu_T \\ w_0 + w_1 = 1 \end{cases} \tag{6.8}$$

C_0 类和 C_1 类方差如式(6.9)所示。

$$\begin{cases} \sigma_0^2 = \sum_{i=0}^{t} (i - \mu_0)^2 p_i / w_0 \\ \sigma_1^2 = \sum_{i=t+1}^{L-1} (i - \mu_1)^2 p_i / w_1 \end{cases} \tag{6.9}$$

定义类内方差,如式(6.10)所示。

$$\sigma_{\omega}^2 = \omega_0 \sigma_0^2 + \omega_1 \sigma_1^2 \tag{6.10}$$

类间方差如式（6.11）所示。

$$\begin{aligned} \sigma_B^2 &= w_0 (\mu_0 - \mu_T)^2 + w_1 (\mu_1 - \mu_T)^2 \\ &= w_0 w_1 (\mu_1 - \mu_0)^2 \end{aligned} \tag{6.11}$$

总体方差如式（6.12）所示。

$$\sigma_T^2 = \sigma_B^2 + \sigma_{\omega}^2 \tag{6.12}$$

判决准则如式（6.13）所示，三个判断准则彼此等效。

$$\begin{cases} \lambda(t) = \dfrac{\sigma_B^2}{\sigma_{\omega}^2} \\[2mm] \eta(t) = \dfrac{\sigma_B^2}{\sigma_T^2} \\[2mm] \kappa(t) = \dfrac{\sigma_T^2}{\sigma_{\omega}^2} \end{cases} \tag{6.13}$$

最佳阈值如式（6.14）所示。

$$t^* = \mathrm{Arg} \max_{0 \leqslant t \leqslant L-1} \eta(t) \tag{6.14}$$

例 6.3　对 cameraman.tif 图像进行 Otsu 阈值分割。

【解】　MATLAB 程序如下：

```
clear,clc,close all
I=imread('cameraman.tif');
level = graythresh(I);
BW = imbinarize(I,level);
subplot(1,2,1),imshow(I),title('原始图像')
subplot(1,2,2),imshow(BW),title('阈值分割图像')
```

程序运行结果如图 6.10 所示。

图 6.10　例 6.3 程序运行结果

1）graythresh 函数

graythresh 函数是利用 Otsu 阈值分割方法计算图像全局阈值。

graythresh 函数语法格式如下：

```
T = graythresh(I)
```

参数说明：

T＝graythresh(I)使用 Otsu 阈值分割方法,根据灰度图像 I 计算全局阈值 T。Otsu 阈值分割方法选择一个阈值,使阈值化的黑白像素的类内方差最小化,类间方差最大化。全局阈值 T 可与 imbinarize 结合使用以将灰度图像转换为二值图像。

2) imbinarize 函数

imbinarize 函数语法格式如下：

```
BW = imbinarize(I)
BW = imbinarize(I,method)
BW = imbinarize(I,T)
BW = imbinarize(I,'adaptive',Name,Value)
```

参数说明：

BW ＝imbinarize(I)通过将所有高于全局阈值的值替换为 1 并将所有其他值设置为 0,从二维或三维灰度图像 I 创建二值图像。默认情况下,imbinarize 使用 Otsu 阈值分割方法,该方法选择特定阈值来最小化阈值化的黑白像素的类内方差。imbinarize 使用包含 256 个灰度值的图像直方图来计算 Otsu 阈值。

BW ＝ imbinarize(I,method)使用 method 指定的阈值化方法(global 或 adaptive)从图像 I 创建二值图像。

BW ＝ imbinarize(I,T)使用阈值 T 从图像 I 创建二值图像。T 可以是指定为标量亮度值的全局图像阈值,也可以是指定为亮度值矩阵的局部自适应阈值。

BW ＝ imbinarize(I,'adaptive',Name,Value)使用名称-值对从图像 I 创建二值图像,以控制自适应阈值。

例 6.4　对 rice.png 图像进行 Otsu 阈值分割,一种方法利用 MATLAB 内部工具箱函数实现,另一种方法利用 Otsu 阈值分割方法基本公式编写程序实现。

【解】　MATLAB 程序如下：

```
clear,clc,close all
I=imread('rice.png');
I1=imhist(I);
subplot(1,3,1),imshow(I);title('原始图像')
%MATLAB 自带函数法
level = graythresh(I);
BW = imbinarize(I,level); %将高于全局阈值的替换为 1,低于的替换为 0
subplot(1,3,2),imshow(BW);title('MATLAB 自带函数')

%根据 Otsu 阈值分割方法基本公式
[X,Y]=size(I);
```

```
N=X * Y;
P=I1./N;                                          %归一化之后的矩阵
L=256;
ut=0;
sw=zeros(L,1);
sb=zeros(L,1);
D=zeros(L,1);
for i=1:L
    ut=ut+i * P(i);
end
for t=1:L
    w0=0;u=0;s0=0;s1=0;
    for i=1:t
        w0=w0+P(i);
        u=u+i * P(i);
    end
    w1=1-w0;
    u0=u./w0;
    u1=(ut-u)./(1-w0);
    for i=1:t
        s0=s0+((i-u0)^2).* P(i)./w0;
    end
    for i=t+1:L
        s1=s1+((i-u1)^2).* P(i)./w1;
    end
    sw(t)=w0 * s0+w1 * s1;
    sb(t)=w0 * w1 * ((u1-u0)^2);
    D(t)=sb(t)/sw(t);
end
[t1,tp]=max(D);                                   %找出 D 中最大值以及它所在的位置
BW1 = imbinarize(I,(tp-1)/255);                   %将该位置(即灰度级)归一化
subplot(1,3,3),imshow(BW1);title('最大类间方差')

err=sum(sum(BW-BW1).^2);
if err<10^(-5)
    disp('公式法与自带函数结果一样');
else
    disp('不一致');
end
```

MATLAB命令窗口运行结果：公式法与自带函数结果一样。

程序运行结果如图 6.11 所示。

原始图像　　　　　MATLAB自带函数　　　　　最大类间方差

图 6.11　例 6.4 程序运行结果

3. 二维最大熵阈值分割法

1) 一维最大熵阈值分割

设图像颜色灰度级共 L 级,即灰度级为 $0,1,2,\cdots,L-1$,则图像熵的定义如式(6.15)所示。

$$H = -\sum_{i=0}^{L-1}(p_i \times \log_2 p_i) \tag{6.15}$$

灰度的一维熵最大,即选择一个阈值,使图像分割出的两部分的一维灰度统计的信息量最大。

对于 $N \times N$ 图像,设 n_i 为数字图像中灰度级 i 的像素数,p_i 为灰度级出现的概率,如式(6.16)所示。

$$p_i = \frac{n_i}{N \times N} \tag{6.16}$$

图像灰度直方图如图 6.12 所示。

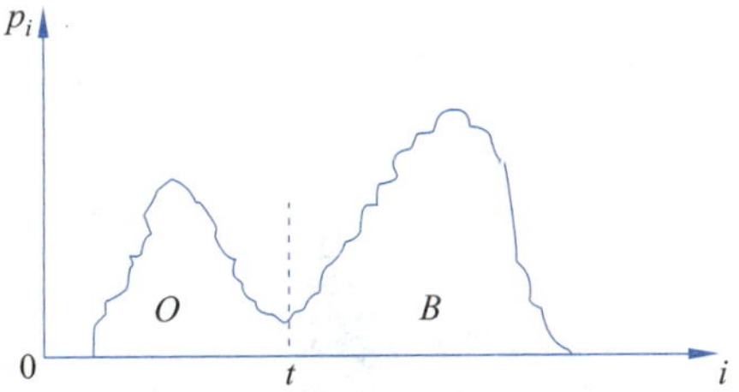

图 6.12　图像灰度直方图

目标区域为 O 区,背景区域为 B 区。

目标与背景概率在其本区域的分布如式(6.17)所示。

$$\begin{cases} O \text{ 区}: & p_i/p_t, & i=1,2,\cdots,t \\ B \text{ 区}: & p_i/(1-p_t), & i=t+1,t+2,\cdots,L \\ p_t = \sum_{i=1}^{t} p_i \end{cases} \tag{6.17}$$

目标区域(O 区)和背景区域(B 区)的熵如式(6.18)所示。

$$\begin{cases} H_O(t) = -\sum_i (p_i/p_t)\lg(p_i/p_t) \\ H_B(t) = -\sum_i [(p_i/(1-p_t))]\lg[p_i/(1-p_t)] \end{cases} \tag{6.18}$$

总熵函数如式(6.19)所示。

$$\varphi(t) = H_O + H_B \tag{6.19}$$

取得最大值时对应的灰度值就是所求的最佳阈值，如式(6.20)所示。

$$t^* = \arg \max\{\varphi(t)\} \tag{6.20}$$

2) 二维最大熵阈值分割

灰度一维最大熵是基于图像原始直方图的，所以它仅利用了点的灰度信息，没有利用空间信息，在信噪比低时，分割效果不理想。

二维最大熵阈值分割技术同时利用了区域灰度特征，区域灰度特征包含了图像的部分空间信息，且对噪声的敏感程度要低于点灰度特征。二维最大熵阈值分割技术综合利用点灰度特征和区域灰度特征，可较好地表征图像的信息。

二维最大熵阈值分割的具体处理步骤如下。

(1) 首先以原始灰度图像(L 个灰度级)中各像素及其 4 邻域的 4 个像素为一个区域。

(2) 计算出区域灰度均值图像(L 个灰度级)，原始图像中的每一个像素都对应一个点灰度-区域灰度均值对，这样的数据对存在 $L \times L$ 种可能的取值。

设 n_{ij} 为图像中点灰度为 i 及其区域灰度均值为 j 的像素数，点灰度-区域灰度均值对(i,j)发生的概率如式(6.21)所示。

$$p_{i,j} = \frac{n_{i,j}}{N \times N} \tag{6.21}$$

图 6.13 为图像二维直方图。

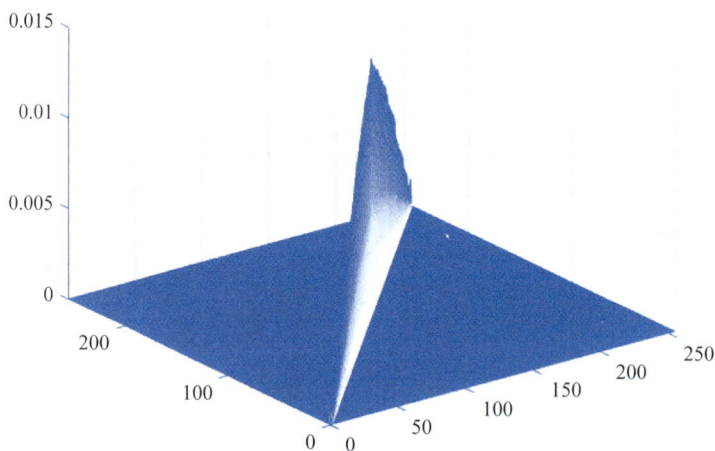

图 6.13   图像二维直方图

图 6.14 为二维直方图的 XOY 平面图，沿对角线分布的 A 区和 B 区分别代表目标和背景，远离对角线的 C 区和 D 区代表边界和噪声，所以应该在 A 区和 B 区上用点灰度-区域灰度均值二维最大熵法确定最佳阈值，使目标和背景的信息量最大。

离散二维熵定义如式(6.22)所示。

$$H = -\sum_i \sum_j p_{i,j} \lg p_{i,j} \quad (6.22)$$

如果阈值设在(s,t),则概率与熵值如式(6.23)所示。

$$\begin{cases} P_A = \sum_i \sum_j p_{ij} \\ H_A = -\sum_i \sum_j p_{ij} \log_2 p_{ij} \\ i = 1,2,\cdots,s \\ j = 1,2,\cdots,t \end{cases} \quad (6.23)$$

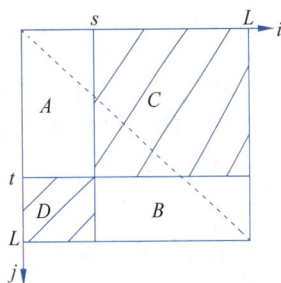

图 6.14 二维直方图的 *XOY* 平面图

A 区、B 区的二维熵如式(6.24)所示。

$$\begin{cases} H(A) = \lg P_A + H_A/P_A \\ H(B) = \lg P_B + H_B/P_B \end{cases} \quad (6.24)$$

由于 C 区和 D 区包含的是关于噪声和边缘的信息,所以将其忽略不计,即假设 C 区和 D 区概率为 0,如式(6.25)所示。

$$p_{i,j} \approx 0 \quad (6.25)$$

通过上述分析,可得关系式:

$$\begin{cases} P_A = 1 - P_B \\ H_A = H_L - H_B \\ H_L = -\sum_i \sum_j p_{i,j} \lg p_{i,j} \\ i = 1,2,\cdots,L, \quad j = 1,2,\cdots,L \end{cases} \quad (6.26)$$

熵的判别函数定义如式(6.27)所示。

$$\phi(s,t) = H(A) + H(B) \quad (6.27)$$

最佳阈值的选取如式(6.28)所示。

$$\phi(s^*,t^*) = \max\{\phi(s,t)\} \quad (6.28)$$

在实际应用中,为了加快二维最大熵阈值分割的计算速度,减少重复计算,可进一步优化算法。为此,提出了一种新的二维最大熵阈值分割递推算法,在此不再描述,请查阅相关资料。

6.3.2 局部阈值分割

在某些情况下,目标物体和背景的对比度在图像中各处不一致,很难用一个统一的阈值将目标物体与背景分开,这时可以根据图像的局部特征分别采用不同的阈值进行分割。

当照明不均匀、有突发噪声或者背景灰度变化比较大时,可以对图像进行分块处理,对每一块分别选定一个阈值进行分割,这种与坐标相关的阈值称为自适应阈值。这类算法的时间复杂度和空间复杂度较大,但是抗噪声的能力较强。

adaptthresh 函数利用局部统计量自适应得出图像阈值。

adaptthresh 函数语法格式如下:

```
T = adaptthresh(I)
T = adaptthresh(I,sensitivity)
T = adaptthresh(__,Name,Value)
```

函数说明：

T = adaptthresh(I)：计算二维灰度图像 I 的局部自适应阈值。adaptthresh 函数基于每个像素邻域的局部均值强度（一阶统计量）选择阈值。阈值 T 可与 imbinarize 函数结合使用以将灰度图像转换为二值图像。

T = adaptthresh(I,sensitivity)使用 sensitivity 指定的敏感度因子计算局部自适应阈值。sensitivity 是范围 [0,1] 内的标量，表示通过阈值化处理将更多像素归为前景的敏感度。

T = adaptthresh(___,Name,Value)使用名称-值对计算局部自适应阈值，较好地控制阈值。

例 6.5　利用自适应方法，从暗背景中寻找阈值并分割亮米粒。

【解】　MATLAB 程序如下：

```
clear,clc,close all
%将图像读入工作区
I = imread('rice.png');
%使用 adaptthresh 确定在二值化运算中使用的阈值
T = adaptthresh(I, 0.4);
%将图像转换为二值图像，以指定阈值
BW = imbinarize(I,T);
%并排显示原始图像及其二值图像
imshowpair(I, BW, 'montage')
```

程序运行计算所得阈值（部分）如图 6.15 所示，图像为 256×256 矩阵，阈值也为 256×256 矩阵，且各阈值为不同数值，因此为自适应阈值。

图像分割结果如图 6.16 所示。

例 6.6　利用自适应方法找到阈值并从亮背景中分割暗文本。

【解】　MATLAB 程序如下：

```
clear,clc,close all
%将图像读入工作区
I = imread('printedtext.png');
subplot(1,3,1),imshow(I)
%使用 adaptthresh 计算自适应阈值并显示局部阈值图像
%这表示平均背景照度的估计值
T = adaptthresh(I,0.4,'ForegroundPolarity','dark');
subplot(1,3,2),imshow(T)
%使用局部自适应阈值对图像进行二值化处理
```

工作区			
名称	大小	字节 ▲	类
☑ BW	256x256	65536	logical
I	256x256	65536	uint8
T	256x256	524288	double

T ✕								
256x256 double								
	1	2	3	4	5	6	7	8	9
1	0.4877	0.4855	0.4860	0.4857	0.4884	0.4962	0.5041	0.5118	0.5186
2	0.4866	0.4845	0.4849	0.4847	0.4874	0.4949	0.5025	0.5099	0.5164
3	0.4851	0.4833	0.4840	0.4840	0.4867	0.4940	0.5012	0.5084	0.5146
4	0.4848	0.4835	0.4845	0.4849	0.4880	0.4952	0.5023	0.5092	0.5152
5	0.4861	0.4852	0.4865	0.4873	0.4906	0.4978	0.5049	0.5118	0.5176
6	0.4893	0.4887	0.4901	0.4912	0.4947	0.5018	0.5088	0.5156	0.5214
7	0.4959	0.4954	0.4968	0.4979	0.5014	0.5083	0.5150	0.5215	0.5271
8	0.5017	0.5014	0.5027	0.5040	0.5075	0.5141	0.5205	0.5269	0.5323
9	0.5072	0.5071	0.5085	0.5099	0.5134	0.5198	0.5260	0.5321	0.5374
10	0.5128	0.5129	0.5143	0.5157	0.5194	0.5255	0.5315	0.5374	0.5424
11	0.5184	0.5186	0.5200	0.5216	0.5253	0.5312	0.5370	0.5426	0.5475
12	0.5239	0.5241	0.5254	0.5271	0.5308	0.5365	0.5420	0.5474	0.5521
13	0.5303	0.5303	0.5313	0.5328	0.5364	0.5419	0.5470	0.5521	0.5566
14	0.5373	0.5370	0.5376	0.5388	0.5421	0.5470	0.5518	0.5566	0.5608
15	0.5446	0.5441	0.5443	0.5453	0.5482	0.5524	0.5566	0.5609	0.5647
16	0.5527	0.5520	0.5518	0.5524	0.5549	0.5585	0.5620	0.5656	0.5688
17	0.5608	0.5598	0.5592	0.5596	0.5617	0.5647	0.5675	0.5705	0.5731
18	0.5691	0.5679	0.5669	0.5670	0.5688	0.5711	0.5733	0.5756	0.5775

图 6.15 程序运行计算所得阈值(部分)

图 6.16 图像分割结果

```
BW = imbinarize(I,T);
subplot(1,3,3),imshow(BW)
```

程序运行结果如图 6.17 所示。

阈值分割的优点是计算简单、运算效率较高、速度快,在算法上容易实现,在重视运算效率的应用场合(如用于硬件实现),得到了广泛应用。它对目标物体和背景对比度反差较大的图像分割很有效,而且总能用封闭、连通的边界定义不交叠的区域;但它不适用于

图 6.17　例 6.6 程序运行结果

多通道图像和特征值相关不大的图像,对图像中不存在明显灰度差异或各物体的灰度值范围有较大重叠的图像分割问题难以得到准确结果。另外,由于阈值确定主要依赖灰度直方图,而很少考虑图像中像素的空间位置关系,因此当背景复杂(特别是在同一背景上重叠出现若干目标物体)、图像中噪声信号较多,或目标的灰度值与背景的灰度值相差无几时,容易丧失部分边界信息,按照固定的阈值进行分割所得到的结果欠准确,造成分割不完整,需要进一步精确定位。

任何一种分割方法都有其局限性,实际的算法只能根据实际情况选择方法和阈值。

6.4　区　域　生　长

区域生长是根据事先定义的准则将像素或子区域聚合成更大的区域过程,先对每个需要分割的区域找一个种子像素或种子区域作为生长的起点,然后将种子像素或种子区域周围邻域中与种子像素或邻域具有相同或相似性质的像素合并到这一区域中;将这些新像素或新区域当作新的种子像素或新的种子区域继续进行上面的过程,直到再也没有满足条件的像素或区域可被合并进来,这样一个区域就长成了。

种子像素通常是具有特殊属性或者先验知识的像素。

生长像素的相似性判断依据可以是灰度值、颜色、纹理等图像信息。

灰度值相似性:计算当前像素与种子像素的灰度值差异,如果差异小于设定的阈值,则将该像素加入区域中。

颜色相似性:对于彩色图像,可以计算当前像素的颜色与种子像素的颜色之间的差异,如果差异小于设定的阈值,则将该像素加入区域中。

纹理相似性:对于纹理图像,可以计算当前像素的纹理特征与种子像素的纹理特征之间的差异,如果差异小于设定的阈值,则将该像素加入区域中。

种子区域生长算法类似上述情况。

区域生长算法步骤如下。

(1) 基于区域灰度差。区域生长算法将图像以像素为基本单位来进行操作。

① 选择合适的生长像素。

② 确定相似性准则,即区域生长准则;生长准则的选取不仅依赖具体问题本身,也和所用图像数据的种类有关。

③ 制定让生长过程停止的条件或规则,通过反复进行步骤②中的操作将各个区域依次合并,直到终止准则满足。

(2) 基于区域内灰度分布统计性质。考虑以灰度分布相似性作为生长准则来决定区域的合并。

① 把图像分成互不重叠的种子区域。

② 比较邻接区域的灰度直方图,根据灰度分布的相似性进行区域合并。

③ 设定终止准则,通过反复进行步骤②中的操作将各个区域依次合并,直到终止准则满足。

图 6.18 给出了区域生长示意图。其中图 6.18(a)为灰度图像的原始图像,以灰度 8 的像素为初始生长像素,在其 8 邻域内,生长准则是：待检测像素的灰度值与生长像素的灰度值相差 1 或 0,即 $T=1$。

$$
\begin{bmatrix} 4 & 3 & 7 & 3 & 3 \\ 1 & 7 & (8) & 7 & 5 \\ 0 & 5 & 6 & 1 & 3 \\ 2 & 2 & 6 & 0 & 4 \\ 1 & 2 & 1 & 3 & 1 \end{bmatrix}
\quad
\begin{bmatrix} 4 & 3 & (7) & 3 & 3 \\ 1 & (7) & (8) & (7) & 5 \\ 0 & 5 & 6 & 1 & 3 \\ 2 & 2 & 6 & 0 & 4 \\ 1 & 2 & 1 & 3 & 1 \end{bmatrix}
\quad
\begin{bmatrix} 4 & 3 & (7) & 3 & 3 \\ 1 & (7) & (8) & (7) & 5 \\ 0 & 5 & (6) & 1 & 3 \\ 2 & 2 & 6 & 0 & 4 \\ 1 & 2 & 1 & 3 & 1 \end{bmatrix}
\quad
\begin{bmatrix} 4 & 3 & (7) & 3 & 3 \\ 1 & (7) & (8) & (7) & 5 \\ 0 & (5) & (6) & 1 & 3 \\ 2 & 2 & (6) & 0 & 4 \\ 1 & 2 & 1 & 3 & 1 \end{bmatrix}
$$

　(a) 初始生长像素　　(b) 第一次区域生长　　(c) 第二次区域生长　　(d) 第三次区域生长

图 6.18　区域生长示意图 1

对于图 6.19(a)中像素灰度值为 1 和 5 的像素(括号内数据)进行区域生长,当 $T=3$ 和 $T=1$ 时,其生长结果如图 6.19(b)和(c)所示。

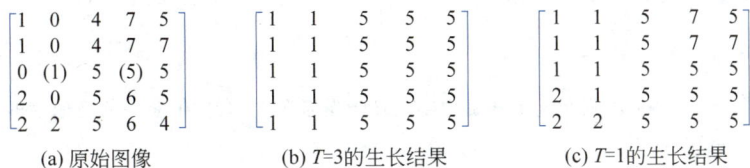

$$
\begin{bmatrix} 1 & 0 & 4 & 7 & 5 \\ 1 & 0 & 4 & 7 & 7 \\ 0 & (1) & 5 & (5) & 5 \\ 2 & 0 & 5 & 6 & 5 \\ 2 & 2 & 5 & 6 & 4 \end{bmatrix}
\quad
\begin{bmatrix} 1 & 1 & 5 & 5 & 5 \\ 1 & 1 & 5 & 5 & 5 \\ 1 & 1 & 5 & 5 & 5 \\ 1 & 1 & 5 & 5 & 5 \\ 1 & 1 & 5 & 5 & 5 \end{bmatrix}
\quad
\begin{bmatrix} 1 & 1 & 5 & 7 & 5 \\ 1 & 1 & 5 & 7 & 7 \\ 1 & 1 & 5 & 5 & 5 \\ 2 & 1 & 5 & 5 & 5 \\ 2 & 2 & 5 & 5 & 5 \end{bmatrix}
$$

　(a) 原始图像　　　(b) $T=3$ 的生长结果　　(c) $T=1$ 的生长结果

图 6.19　区域生长示意图 2

例 6.7　利用单击种子像素的方式对灰度图像 coins.png 进行区域生长分割。

【解】

(1) 脚本文件(主函数)：

```
I=imread('coins.png');
imshow(I),title('原始图像')
J=regiongrow1(I,0.2);
figure,imshow(J),title('分割后图像')
```

(2) 函数文件：

```
function J=regiongrow1(I,threshold)
%区域生长需要以交互方式设定初始种子像素
%具体方法是在单击图像中的一个像素后,按 Enter 键
%输入:原始图像 I、设置的阈值 threshold
%输出:输出图像 J
if isinteger(I)
```

```
        I=im2double(I);
end
[M,N]=size(I);
[y,x]=getpts;
%获得区域生长初始像素
x1=round(x);                          %将横坐标取整
y1=round(y);                          %将纵坐标取整
seed=I(x1,y1);                        %将初始像素的灰度值存入 seed
J=zeros(M,N);
%建立与原始图像等大的全 0 图像矩阵 J,作为输出图像
J(x1,y1)=1;
%将 J 中与所取像素的位置对应的像素设置为白点
sum=seed;
%存储符合区域生长条件的像素的灰度值总和
suit=1;
%存储符合区域生长条件的像素的个数
count=1;
%记录每次判断一个像素周围的 8 个像素时,符合阈值条件的新像素的个数

while count>0
    s=0;        %记录判断一个像素周围的 8 个像素时,符合阈值条件的新像素的灰度值总和
    count=0;
    for i=1:M
        for j=1:N
            if J(i,j)==1
                if (i-1)>0&(i+1)<(M+1)&(j-1)>0&(j+1)<(N+1)
%判断这个像素是否为图像边界上的像素
                    for u=-1:1
                        for v=-1:1
                            if J(i+u,j+v)==0&abs(I(i+u,j+v)-seed)<=
threshold&1/(1+1/15*abs(I(i+u,j+v)-seed))>0.8
                                %判断这个像素是否尚未标记并且符合阈值条件
                                J(i+u,j+v)=1;
                                %若符合以上两个条件,就将 J 中与之位置对应的像素设
                                %置为白点
                                count=count+1;
                                s=s+I(i+u,j+v);
                                %将这个像素的灰度值加入 s 中
                        end
                    end
                end
```

```
              end
           end
        end
     end
     suit=suit+count;              %将 n 加入符合像素的计数器中
     sum=sum+s;                     %将 s 加入符合像素的灰度值总和中
     seed=sum/suit;                 %计算新的灰度平均值
  end
```

在这个程序中,由于利用了 im2double 函数,其将图像灰度值归一化为[0,1],因此本程序将阈值 threshold 设置为 0.2,程序运行结果如图 6.20 所示。

原始图像   分割后图像

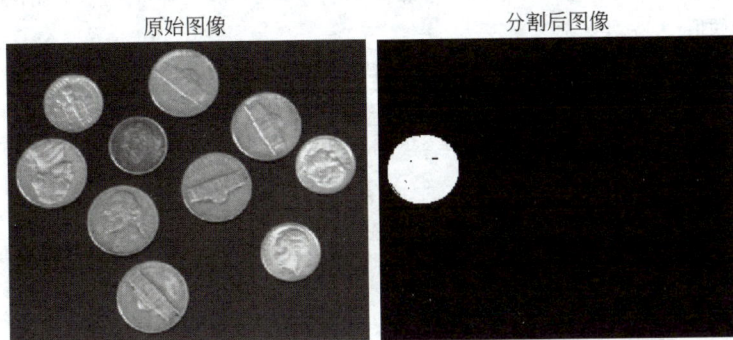

图 6.20　例 6.7 程序运行结果

例 6.8　利用在函数文件中设置参数的方式进行种子像素的选取,同时对彩色图像 coloredChips.png 进行区域生长分割。

【解】

在本例题中,设置种子像素的灰度值为 90,阈值为 55,程序如下,运行结果如图 6.21 所示。

(1) 脚本文件(主函数):

```
clc,clear,close all
f = imread('coloredChips.png');
subplot(221),imshow(f);
title('原始图像');
%函数 regiongrow2 返回的 NR 是不同区域的数目,参数 SI 是一幅含有种子像素的图像
%TI 包含在经过连通前通过阈值测试的像素
f=rgb2gray(f);
[g,NR,SI,TI]=regiongrow2(f,90,55);        %种子像素的灰度值为 90,阈值为 55
subplot(222),imshow(SI);
title('种子像素的图像');
subplot(223),imshow(TI);
```

```
title('所有通过阈值测试的像素');
subplot(224),imshow(g);
title('对种子像素进行 8 连通分析后的结果');
%原文链接:https://blog.csdn.net/weixin_74640964/article/details/137892587
```

（2）函数文件：

```
function [g, NR, SI, TI] = regiongrow2(f, S, T)
 %按区域生长对图像进行分割
 %输入变量中,S 可以是一个数组(其维数与 f 大小相同),其中 a1 位于每个种子像素的坐标
 %处,s0 位于其他位置;S 也可以是单个种子像素的灰度值。同样,T 可以是一个数组(其维数
 %与 f 大小相同),其中包含 f 中每个像素的阈值;T 也可以是个标量,在这种情况下,它是一
 %个全局阈值
 %输出变量中,g 是区域生长的结果,每个区域用不同的整数标记;NR 是区域的数量;SI 是算
 %法使用的最终种子图像;TI 是由 f 中满足阈值测试的像素组成的图像
 %版权所有 2002-2004 R.C.Gonzalez、R.E.Woods 和 S.L.Eddins
f = double(f);
 %如果 S 是标量,则获得种子图像
f=im2gray(f);
if numel(S) == 1
SI = f == S;
   S1 = S;
else
 %如果 S 是一个数组。消除重复的、连接的种子像素位置,以减少以下代码段中的循环执行
 %次数
   SI = bwmorph(S, 'shrink', Inf);
   J = find(SI);
   S1 = f(J); %Array of seed values.
end
TI = false(size(f));
for K = 1:length(S1)
seedvalue = S1(K);
   S = abs(f - seedvalue) <= T;
   TI = TI | S;
end
 %以 SI 作为标记图像,使用函数 imreconstruction 获得 S 中每个种子像素对应的区域
 %函数 bwlabel 为每个连接的区域分配一个不同的整数
[g, NR] = bwlabel(imreconstruct(SI, TI));
%原文链接:https://blog.csdn.net/weixin_74640964/article/details/137892587
```

原始图像　　　　　　　　　　种子像素的图像

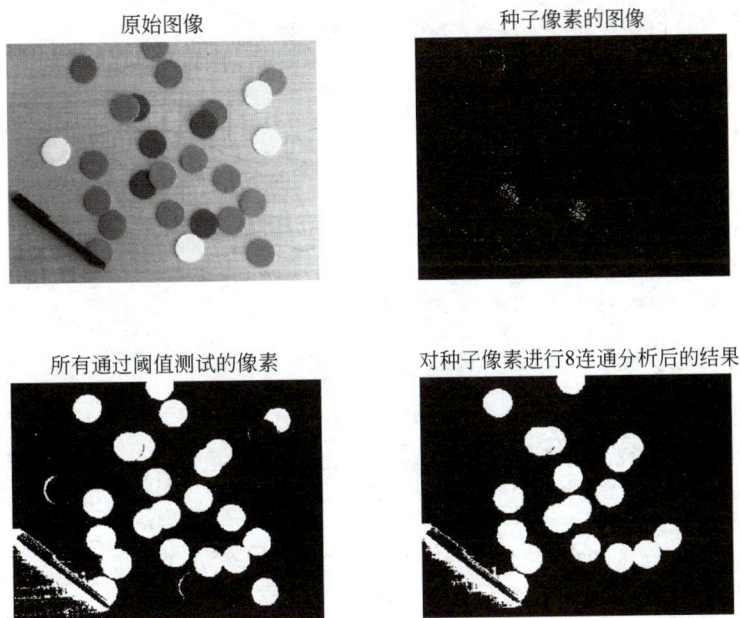

所有通过阈值测试的像素　　　对种子像素进行8连通分析后的结果

图 6.21　区域生长示例 2

6.5　边缘检测

6.5.1　边缘检测的基本原理

边缘(见图 6.22)是以图像局部特性的不连续的形式出现的,如灰度值的突变、颜色的突变、纹理结构的突变。

从本质上说,边缘意味着一个区域的终结和一个区域的开始。

图像的边缘有方向和幅度两个特性。沿边缘走向的像素变化平缓,而垂直于边缘走向的像素变化剧烈。

图 6.22　边缘示例

边缘是基于灰度不连续性进行的分割,用差分、梯度、拉普拉斯算子及各种高通滤波处理方法对图像边缘进行增强,只要再进行一次阈值门限化的处理,便可以将边缘增强的方法用于边缘检测。边缘检测方法已在 4.2.2 节论述,在此不再论述。

6.5.2　边缘检测的实现

边缘检测在 MATLAB 中一般使用 edge 函数实现。

例 6.9　对图像 coloredChips.png 进行 Roberts、Prewitt、Sobel 和 LoG 边缘检测。

【解】　MATLAB 程序如下:

```
clear,clc,close all
A = imread('coloredChips.png');
subplot(2,3,1),imshow(A),title('原始图像')
I=rgb2gray(A);
subplot(2,3,2),imshow(I), ,title('灰度图像')
BW1 = edge(I,'roberts');
%进行 Roberts 边缘检测,门限值采用默认值
BW2 = edge(I,'prewitt');
%进行 Prewitt 边缘检测,门限值采用默认值
BW3 = edge(I,'sobel');
%进行 Sobel 边缘检测,门限值采用默认值
BW4 = edge(I,'log');
%进行 LoG 边缘检测,门限值采用默认值
subplot(2,3,3),imshow(BW1,[]),title('Roberts 边缘检测图像')
subplot(2,3,4),imshow(BW2,[]),title('Prewitt 边缘检测图像')
subplot(2,3,5),imshow(BW3,[]),title('Sobel 边缘检测图像')
subplot(2,3,6),imshow(BW4,[]),title('LoG 边缘检测图像')
```

图 6.23 给出了利用这四个算子进行边缘检测的不同效果。

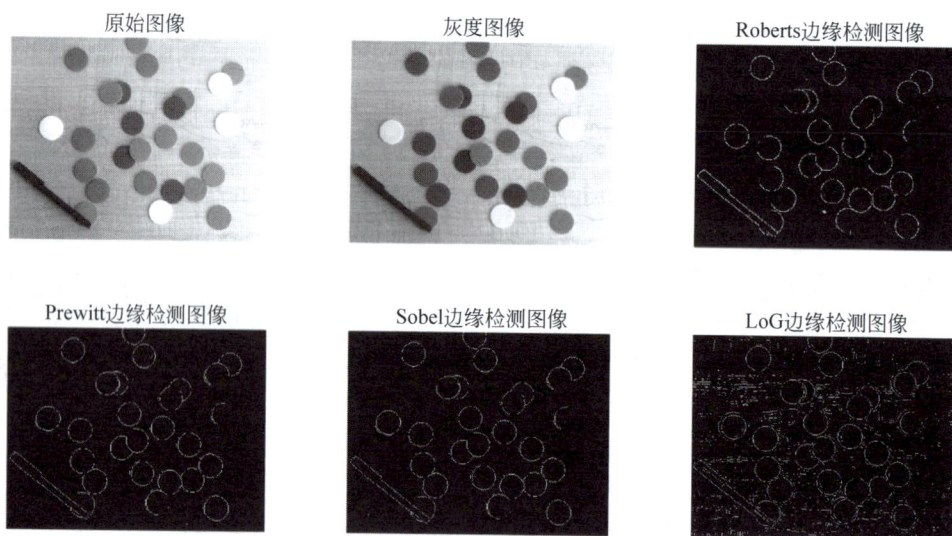

图 6.23　边缘检测

6.6　Hough 变换

Hough 变换是 Hough 于 1962 年提出的一种形状匹配技术,运用两个坐标之间的变换来检测平面内的直线和有规则曲线,这种变换具有在变换空间所希望的边缘组凝聚在一起形成峰点的特性。

Hough 变换方法是利用图像全局特性而直接检测目标轮廓,将图像的边缘像素连接起来的常用方法。

由于绝大部分的物体轮廓不能用直线和二次曲线描述,人们将 Hough 变换推广到任意形状的检测,这通常称为广义 Hough 变换。

6.6.1 Hough 变换检测原理

Hough 变换是基于图像中点-线的对偶性进行检测的,Hough 变换是对图像进行某种形式的坐标变换;其将原始图像中给定形状的曲线或直线变换成变换空间中的一个点,即原始图像中给定形状的曲线和直线上的所有点都集中到变换空间的某个点上形成峰点;这样可把原始图像中给定形状曲线或直线的检测问题,变成寻找变换空间中峰点的问题,也即把检测整体特性(给定曲线的点集)变成检测局部特性的问题。

经典 Hough 变换的优缺点如下。

- 缺点:经典 Hough 变换只能对曲线形状用参数曲线方程来描述,主要用于对位置未知的曲线进行检测。
- 优点:抗干扰性强。

图 6.24 为一条噪声干扰直线,虽然直线上点分布有些杂乱,但是 Hough 变换能检测直线。

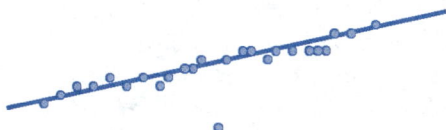

图 6.24 噪声干扰直线

1. Hough 变换直线检测原理

设在原始图像空间(x,y),直线方程如式(6.29)所示。

$$y = ax + b \tag{6.29}$$

式中,a 为斜率,b 为截距。

对于直线上的任意一点 $p_i = (x_i, y_i)$,在由斜率和截距组成的变换空间(a,b)中,它应满足式(6.30)。

$$b = -x_i a + y_i \tag{6.30}$$

可以看出,图像空间的一个点(x_i, y_i)对应变换空间(a,b)中的一条直线,同理图像空间中的另一个点(x_j, y_j)也对应着变换空间(a,b)中的另一条直线,如图 6.25 所示。

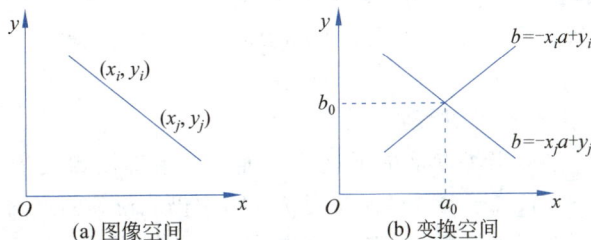

(a) 图像空间 (b) 变换空间

图 6.25 直角坐标系 Hough 变换

变换空间即图 6.24(b)中的两条直线相交，其交点为(a_0,b_0)，对应图像空间中的直线，即图 6.24(a)中斜率为 a_0、截距为 b_0 的直线 $y=a_0 x+b_0$。

直角坐标系 Hough 变换有其缺点，当直线与 y 轴平行时，即与 x 轴垂直，此时斜率将为无穷大，这时，直角坐标系 Hough 变换将无法实现直线的检测。

为了避免垂直线的斜率无穷大问题，往往采用极坐标(ρ,θ)作为变换空间，其极坐标方程如式(6.31)所示。

$$\rho=x\cos\theta+y\sin\theta \tag{6.31}$$

参数(ρ,θ)可以唯一地确定一条直线，ρ 表示原点到直线的距离，θ 是该直线的法线与 x 轴的夹角，如图 6.26 所示。

对于(x,y)空间中的任意一点(x_i,y_i)，采用极坐标(ρ,θ)作为变换空间，其变换方程如式(6.32)所示。

$$\rho=x_i\cos\theta+y_i\sin\theta \tag{6.32}$$

这表明原始图像空间中的一点(x_i,y_i)对应(ρ,θ)中的一条正弦曲线，其初始角和幅值随(x_i,y_i)的值而变。

点与正弦曲线对应的三角关系推导如式(6.33)所示。

$$a\sin\alpha+b\cos\alpha=\sqrt{a^2+b^2}\sin(\alpha+\varphi)\quad\left(\text{其中 } \tan\varphi=\frac{b}{a}\right) \tag{6.33}$$

若将(x,y)空间中在同一条直线上的另一个点(x_j,y_j)变换到(ρ,θ)空间，其也对应一条正弦曲线，两条正弦曲线都相交于(ρ_0,θ_0)，如图 6.27 所示。

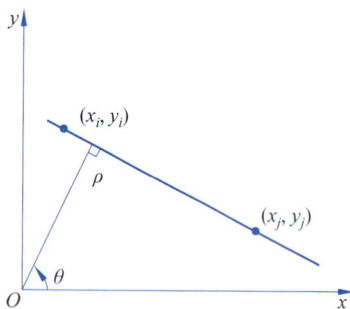

图 6.26　Hough 变换参数示例

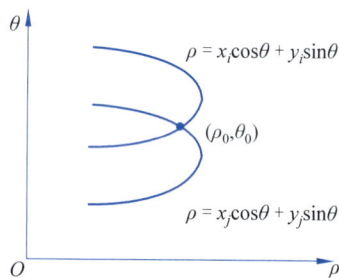

图 6.27　直角坐标变换到(ρ,θ)空间示例

通过上述讨论，很容易得到 Hough 变换的方法是将(ρ,θ)空间量化为许多小格，每个格是一个累加器，对于每一个点(x_i,y_i)，将 θ 的量化值逐一代入式(6.32)，计算出对应的ρ，所得结果值(经量化)落在某个小格内，便使该小格的累加器加 1；当完成全部(x_i,y_i)变换后，对所有累加器的值进行检验，峰值的小格对应参数空间(ρ,θ)的共线点(ρ_0,θ_0)，(ρ_0,θ_0)是图像空间的直线拟合参数，如式(6.34)所示。

$$\rho_0=x\cos\theta_0+y\sin\theta_0 \tag{6.34}$$

数值小的小格一般反映非共线点，丢弃不用。

Hough 变换的一个突出优点是抗干扰能力强。如果待检测线条上有小的扰动或断裂，甚至是虚线，　进行 Hough 变换后，在变换空间中仍能得到明显的峰点。

Hough 变换还可以用来检测圆、椭圆、抛物线等形状的线条。下面讲解 Hough 变换检测圆形原理。

2. Hough 变换检测圆形原理

Hough 变换可以检测半径参数已知的圆形,设圆形半径为 r,圆心坐标为 (a,b),则圆形的表达式如式(6.35)所示。

$$(x-a)^2 + (y-b)^2 = r^2 \tag{6.35}$$

在 (x,y) 坐标系中的圆形上的某一点 (x_i,y_i),其对应的公式如式(6.36)所示。

$$(a-x_i)^2 + (b-y_i)^2 = r^2 \tag{6.36}$$

点 (x_i,y_i) 对应 (a,b) 坐标系中圆形 1,另一个点 (x_j,y_j) 对应 (a,b) 坐标系中圆形 2,如图 6.28(b) 所示。圆形 1 与圆形 2 相交于一点 (a_0,b_0),即 (x,y) 坐标系(见图 6.28(a))中圆形的圆心,此时即可求得圆心位置。

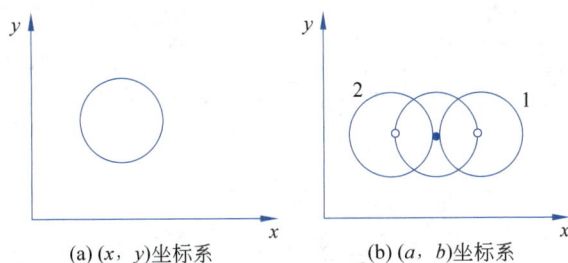

(a) (x,y) 坐标系   (b) (a,b) 坐标系

图 6.28 Hough 变换检测圆形示例

6.6.2 Hough 变换检测的实现

1. Hough 变换检测直线的实现

Hough 变换在检测直线时,需要使用 hough、houghpeaks 和 houghlines 函数。

1) hough 函数

hough 函数执行 Hough 变换。

语法格式如下:

```
[H,theta,rho] = hough(BW)
[H,theta,rho] = hough(BW,Name,Value)
```

参数说明:

[H,theta,rho] = hough(BW) 计算二值图像 BW 的标准 Hough 变换(SHT)。hough 函数旨在检测线条。该函数使用线条的参数化表示:rho = x * cos(theta) + y * sin(theta)。该函数返回 rho(沿垂直于线条的向量从原点到线条的距离)和 theta(x 轴与该向量之间的角度,以度为单位)。该函数还返回 SHT H,它是一个参数空间矩阵,其行和列分别对应 rho 和 theta 值。

[H,theta,rho] = hough(BW,Name,Value) 使用名称-值对参数计算二值图像 BW 的 SHT。

2）houghpeaks 函数

houghpeaks 函数识别 Hough 变换中的峰值。

语法格式如下：

```
peaks = houghpeaks(H,numpeaks)
peaks = houghpeaks(H,numpeaks,Name,Value)
```

参数说明：

peaks ＝ houghpeaks(H,numpeaks)在 hough 函数生成的 Hough 变换矩阵 H 中定位峰值。numpeaks 指定要识别的最大峰值数量。该函数返回一个矩阵，其中包含峰值的行坐标和列坐标。

peaks ＝ houghpeaks(H,numpeaks,Name,Value)利用 Name 和 Value 参数对控制峰值检测。

3）houghlines 函数

houghlines 函数基于 Hough 变换提取线段。

语法格式如下：

```
lines = houghlines(BW,theta,rho,peaks)
lines = houghlines(___,Name,Value)
```

参数说明：

lines ＝ houghlines(BW,theta,rho,peaks)提取图像 BW 中与 Hough 变换相关联的线段。theta 和 rho 是函数 hough 返回的向量。peaks 是由 houghpeaks 函数返回的矩阵，其中包含 Hough 变换的行坐标和列坐标，用于搜索线段。返回值 lines 包含有关提取的线段信息。

lines ＝ houghlines(___,Name,Value)使用名称-值对参数来控制线条的提取。

例 6.10　检测 circuit.tif 图像中最长的 5 条线段，同时突出显示最长的线段。

【解】　MATLAB 程序如下：

```
clear,clc,close all
%将图像读入工作区。
I=imread('circuit.tif');
imshow(I)
%旋转图像
rotI = imrotate(I,33,'crop');
%创建二值图像
BW = edge(rotI,'canny');
%使用二值图像创建 Hough 变换
[H,T,R] = hough(BW);
imshow(H,[],'XData',T,'YData',R, 'InitialMagnification','fit');
xlabel('\theta'), ylabel('\rho');
axis on, axis normal, hold on;
```

```
%查找图像的 Hough 变换中的峰值
P   = houghpeaks(H,5,'threshold',ceil(0.3*max(H(:))));
x = T(P(:,2)); y = R(P(:,1));
plot(x,y,'s','color','white');
%查找线条并对其绘图
lines = houghlines(BW,T,R,P,'FillGap',5,'MinLength',7);
figure, imshow(rotI), hold on
max_len = 0;
for k = 1:length(lines)
  xy = [lines(k).point1; lines(k).point2];
  plot(xy(:,1),xy(:,2),'LineWidth',2,'Color','green');
  %Plot beginnings and ends of lines
  plot(xy(1,1),xy(1,2),'x','LineWidth',2,'Color','yellow');
  plot(xy(2,1),xy(2,2),'x','LineWidth',2,'Color','red');
  %Determine the endpoints of the longest line segment
  len = norm(lines(k).point1 - lines(k).point2);
  if ( len > max_len)
     max_len = len;
     xy_long = xy;
  end
end
%将最长的线段设为青色以突出显示
plot(xy_long(:,1),xy_long(:,2),'LineWidth',2,'Color','cyan');
```

程序运行结果如图 6.29 至图 6.31 所示。图 6.29 为原始图像,图 6.30 为 Hough 变换矩阵 H,图 6.31 为线段检测结果图。在图 6.31 中,虽然有些线段没有连接在一起,但是它们属于同一直线,因此检测出了在同一方向的几对线段,并标注出了最长连续线段。

图 6.29 原始图像

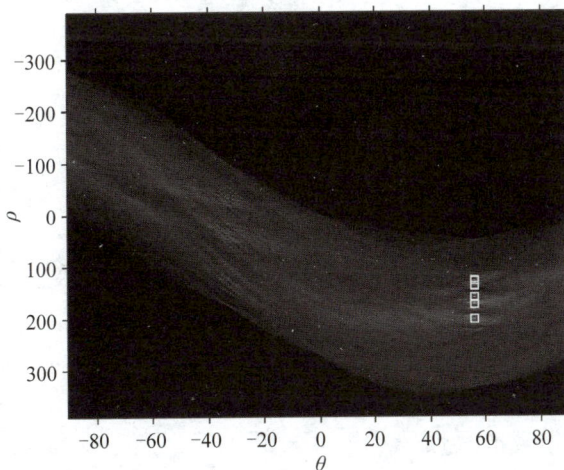

图 6.30 Hough 变换矩阵 H

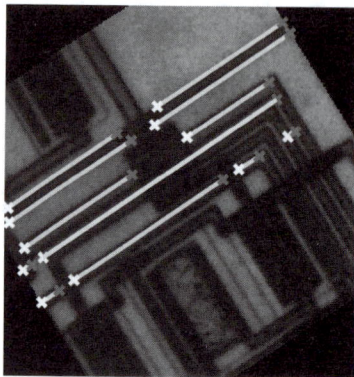

图 6.31　线段检测结果

2. Hough 变换检测圆形的实现

imfindcircles 函数利用 Hough 变换检测圆形。

语法格式如下：

```
centers = imfindcircles(A,radius)
[centers,radii] = imfindcircles(A,radiusRange)
[centers,radii,metric] = imfindcircles(A,radiusRange)
[___] = imfindcircles(___,Name,Value)
```

参数说明：

centers $=$ imfindcircles(A,radius) 查找图像 A 中半径约等于 radius 的圆。输出 centers 是一个两列矩阵，其中包含图像中各圆中心的(x,y)坐标。

[centers,radii] $=$ imfindcircles(A,radiusRange) 查找半径在 radiusRange 指定范围内的圆。附加输出参数 radii 包含与 centers 中每个圆心对应的估计半径。

[centers,radii,metric] $=$ imfindcircles(A,radiusRange) 返回列向量 metric，其中包含每个圆的累加器数组峰值的幅值（按降序排列）。centers 和 radii 的行对应 metric 的行。

[___] $=$ imfindcircles(___,Name,Value) 支持任何上述语法，且可使用一个或多个名称-值对参数指定其他选项。

例 6.11　在图像 circlesBrightDark.png 中的亮圆和暗圆周围绘制线条。

【解】　MATLAB 程序如下：

```
clear,clc,close all
%将图像读入工作区中并显示它
A = imread('circlesBrightDark.png');
imshow(A)
%定义半径范围
Rmin = 30;
Rmax = 65;
```

```
%找出图像中半径范围内的所有亮圆
[centersBright, radiiBright] = imfindcircles(A,[Rmin Rmax],'ObjectPolarity',
'bright');
%找出图像中半径范围内的所有暗圆
[centersDark, radiiDark] = imfindcircles(A,[Rmin Rmax],'ObjectPolarity',
'dark');
%在亮圆的边缘周围绘制蓝色线条
viscircles(centersBright, radiiBright,'Color','b');
%在暗圆的边缘周围绘制红色虚线
viscircles(centersDark, radiiDark,'LineStyle','--');
```

　　程序运行结果如图 6.32 所示,其中亮圆形和暗圆形分别利用了不同的颜色进行了线条绘制。

　　例 6.12　找出图像 coins.png 中半径像素个数在[15,30]范围内的所有圆形,并标注强度最大的 5 个圆形。

　　【解】　MATLAB 程序如下:

```
clear,clc,close all
%将灰度图像读入工作区并显示它
A = imread('coins.png');
imshow(A)
%查找半径像素个数在 [15, 30] 范围内的所有圆形
[centers, radii, metric] = imfindcircles(A,[15 30]);
%根据度量值保留 5 个强度最大的圆形
centersStrong5 = centers(1:5,:);
radiiStrong5 = radii(1:5);
metricStrong5 = metric(1:5);
%在原始图像上绘制 5 个强度最大的圆形
viscircles(centersStrong5, radiiStrong5,'EdgeColor','b');
```

　　程序运行结果如图 6.33 所示,5 个强度最大的圆形已绘制。

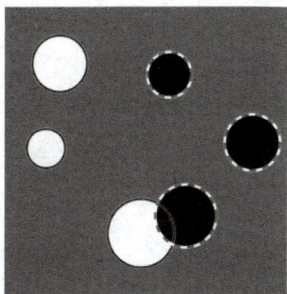

图 6.32　例 6.11 程序运行结果

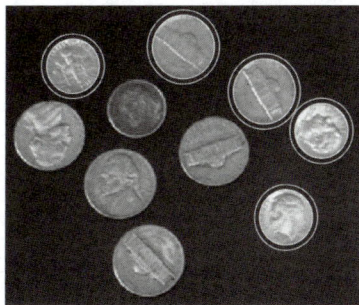

图 6.33　例 6.12 程序运行结果

习　题　六

1. 阐述图像分割的重要性。
2. 阐述阈值分割的优缺点。
3. 阐述图像区域生长的特点。
4. 阐述 Hough 变换检测直线的原理。
5. 阐述 Hough 变换检测圆形的原理。
6. 阐述边缘检测的原理。

第 7 章

图像形态学

数学形态学(图像代数)表示以形态为基础对图像进行分析的数学工具,其基本思想是用具有一定形态的结构元素去度量和提取图像中的对应形状以达到图像分析和识别的目的。

形态学图像处理的应用可以简化图像数据,保持它们基本的形状特性,并除去不相干的结构。

形态学图像处理的基本运算有腐蚀、膨胀、开运算和闭运算。

7.1   图 像 腐 蚀

一幅图像是由像素组成的,像素在图像中的坐标位置为整型数据,横坐标用 x 表示,纵坐标用 y 表示,即像素的坐标位置为(x,y),表示为 $z=(x,y)$,所有像素坐标 $z\in \mathbf{Z}^2$,$\mathbf{Z}^2$ 为二元整数坐标对的集合。

设 A 代表待处理的图像,S 代表结构元素(structure element),结构元素通常是一些较小的图像。

对于 $\mathbf{Z}^2$ 平面上的待处理图像 A 和结构元素 S,利用 S 对图像 A 进行腐蚀操作,记作 $A\ominus S$,其表达式如式(7.1)所示。

$$A \ominus S = \{z \mid (S)_z \subseteq A\} \tag{7.1}$$

将结构元素 S 相对于图像 A 进行平移,只要平移后结构元素 S 都包含在图像 A 中,则这些平移点集合就构成了结构元素 S 对图像 A 进行腐蚀后的结果图像,如图 7.1 所示。

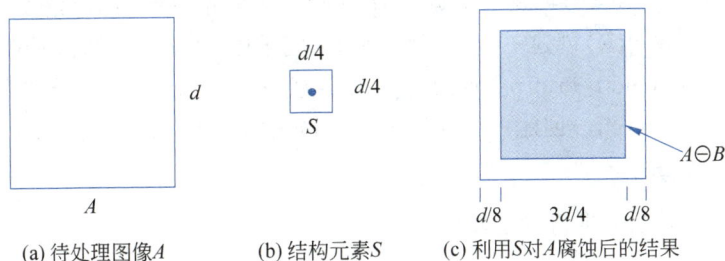

(a) 待处理图像A   (b) 结构元素S   (c) 利用S对A腐蚀后的结果

图 7.1   图像腐蚀示例

对图像进行腐蚀操作,结果会使图像"瘦"一圈。腐蚀的结果与图像本身、结构元素的形状、结构元素的大小有关。

在 MATLAB 语言中，对图像进行腐蚀需要使用 strel 函数和 imerode 函数。

1. strel 函数

strel 函数生成形态学结构元素。

语法格式如下：

```
SE = strel(nhood)
SE = strel('arbitrary',nhood)
SE = strel('diamond',r)
SE = strel('disk',r,n)
SE = strel('octagon',r)
SE = strel('line',len,deg)
SE = strel('rectangle',[m n])
SE = strel('square',w)
SE = strel('cube',w)
SE = strel('cuboid',[m n p])
SE = strel('sphere',r)
```

参数说明：

SE = strel(nhood)创建一个具有指定邻域 nhood 的平面结构元素，也可以使用语法 SE = strel('arbitrary',nhood) 创建具有指定邻域的平面结构元素。

SE = strel('diamond',r)创建一个菱形结构元素，其中 r 指定从结构元素原点到菱形各点的距离。

SE = strel('disk',r,n)创建一个盘形结构元素，其中 r 指定半径，n 指定用于逼近盘形的线条结构元素的数量。

SE = strel('octagon',r)创建一个八边形结构元素，其中 r 指定从结构元素原点到八边形边的距离（沿水平和垂直轴测量）。r 必须为 3 的非负倍数。

SE = strel('line',len,deg)创建一个关于邻域中心对称的线性结构元素，长度约为 len，角度约为 deg。

SE = strel('rectangle',[m n])创建一个大小为 [m n] 的矩形结构元素。

SE = strel('square',w)创建一个宽度为 w 个像素的正方形结构元素。

SE = strel('cube',w)创建一个宽度为 w 个像素的三维立方体结构元素。

SE = strel('cuboid',[m n p])创建一个大小为 [m n p] 的三维立方体结构元素。

SE = strel('sphere',r)创建一个半径为 r 个像素的三维球面结构元素。

2. imerode 函数

imerode 函数对图像进行腐蚀操作。

语法格式如下：

```
J = imerode(I,SE)
J = imerode(I,nhood)
J = imerode(___,packopt,m)
```

```
J = imerode(___,shape)
```

参数说明：

J = imerode(I,SE)腐蚀灰度图像、二值图像或压缩二值图像 I,返回腐蚀图像 J。SE 是结构元素对象或结构元素对象的数组,由 strel 或 offsetstrel 函数返回。

J = imerode(I,nhood)腐蚀图像 I,其中 nhood 是由指定结构元素邻域的 0 和 1 组成的矩阵。imerode 函数通过 floor((size(nhood)+1)/2)确定邻域的中心元素,此语法等效于 imerode(I,strel(nhood))。

J = imerode(___,packopt,m)指定输入图像 I 是否为压缩二值图像。m 指定原始未压缩图像的行维度。

J = imerode(___,shape)指定输出图像的大小。

例 7.1　对 fushi.png 图像进行腐蚀操作。

【解】　MATLAB 程序如下:

```
clear,clc,close all
%将图像读入工作区
original = imread('fushi.png');
originalhd=rgb2gray(original);


%创建一个 3×3 结构元素
se = strel('square',3);
se1=strel('square',5);
%用该结构元素腐蚀图像
eroded1 = imerode(originalhd,se);
eroded2 = imerode(originalhd,se1);
%查看原始灰度图像和腐蚀的图像
subplot(1,3,1),imshow(originalhd)
title('原始灰度图像')
subplot(1,3,2),imshow(eroded1)
title('3×3结构元素腐蚀图像')
subplot(1,3,3),imshow(eroded2)
title('5×5结构元素腐蚀图像')
```

程序运行结果如图 7.2 所示,3×3 结构元素把原始灰度图像中的毛刺处理得变小了, 5×5 结构元素完整地处理了毛刺,且 5×5 的结构元素将图像缩小的程度更大一些。

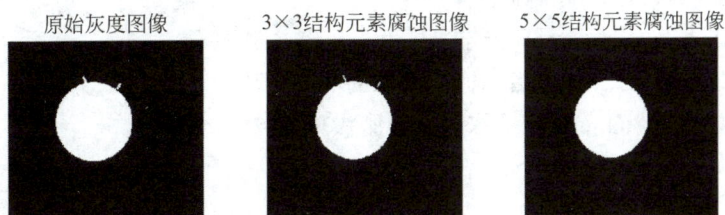

图 7.2　例 7.1 程序运行结果

7.2　图　像　膨　胀

对于 $\mathbf{Z}^2$ 平面上的待处理图像 A 和结构元素 S，利用 S 对图像 A 进行膨胀操作，记作 $A \oplus S$，其表达式如式（7.2）所示。

$$A \oplus S = \{z \mid (\hat{S})_z \bigcap A \neq \varnothing\} \tag{7.2}$$

将结构元素 S 相对于图像 A 进行平移，当 S 的原点平移至图像 A 中某个像素 z 时，S 相对于自身原点的映像 $\hat{S}$ 和 A 只要有公共交集，即至少有一个像素有重叠，则所有这些像素 z 构成的集合即为 S 对 A 的膨胀图像，如图 7.3 所示。

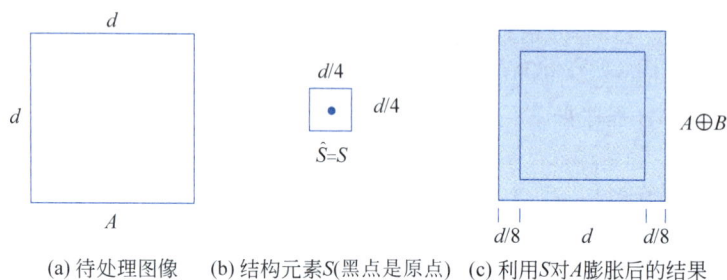

(a) 待处理图像　　(b) 结构元素S(黑点是原点)　(c) 利用S对A膨胀后的结果

图 7.3　图像膨胀示例

对图像进行膨胀操作，结果会使图像"胖"一圈。膨胀的结果与图像本身、结构元素的形状、结构元素的大小有关。

imdilate 函数对图像进行膨胀操作。

语法格式如下：

```
J = imdilate(I,SE)
J = imdilate(I,nhood)
J = imdilate(___,packopt)
J = imdilate(___,shape)
```

参数说明：

J = imdilate(I,SE)用于膨胀灰度图像、二值图像或压缩二值图像 I，返回膨胀图像 J。SE 是结构元素对象或结构元素对象的数组，由 strel 或 offsetstrel 函数返回。

J = imdilate(I,nhood)用于膨胀图像 I，其中 nhood 是由 0 和 1 组成的矩阵，用于指定结构元素邻域。imdilate 通过 floor((size(nhood)+1)/2)确定邻域的中心元素，此语法等效于 imdilate(I,strel(nhood))。

J = imdilate(___,packopt)指定 I 是否为压缩二值图像。

J = imdilate(___,shape)指定输出图像的大小。

例 7.2　对 pengzhang.png 图像进行膨胀操作。

【解】　MATLAB 程序如下：

```
clear,clc,close all
%将图像读入工作区
original = imread('pengzhang.png');
originalhd=rgb2gray(original);
%对灰度图像反色
originalhd=255-originalhd;
%创建一个 3×3 结构元素
se = strel('square',3);
se1=strel('square',5);
%用该结构元素膨胀图像
d1 = imdilate(originalhd,se);
d2 = imdilate(originalhd,se1);
%查看原始灰度图像和膨胀的图像
subplot(1,3,1),imshow(originalhd)
title('原始灰度图像')
subplot(1,3,2),imshow(d1)
title('3×3结构元素膨胀图像')
subplot(1,3,3),imshow(d2)
title('5×5结构元素膨胀图像')
```

程序运行结果如图 7.4 所示,3×3 结构元素使原始灰度图像"变胖"了,同时噪声处理得相对变小了,5×5 结构元素使图像"变胖"的程度更大了,且噪声相对图像更缩小了一些。

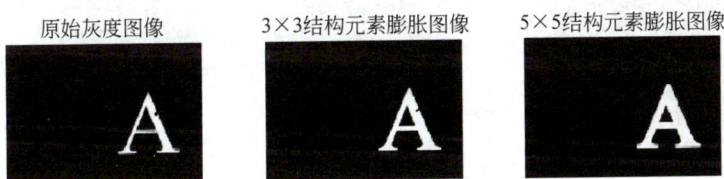

图 7.4　例 7.2 程序运行结果

7.3　图像开运算

开运算即对图像先进行腐蚀运算,接着进行膨胀运算。开运算是腐蚀与膨胀运算的复合运算。

对于 $\mathbf{Z}^2$ 平面上的待处理图像 A 和结构元素 S,利用 S 对图像 A 进行开运算操作,记作 $A \circ S$,其表达式如式(7.3)所示。

$$A \circ S = (A \ominus S) \oplus S \tag{7.3}$$

开运算可使图像轮廓光滑,同时将微连接断开且消除了小毛刺。开运算与腐蚀运算不同,腐蚀运算会使图像"瘦"一圈,而开运算不会使图像收缩。

在 MATLAB 语言中,对图像进行开运算,可以使用 imerode 和 imdilate 函数的组合,或者直接使用开运算函数 imopen。

imopen 函数对图像执行形态学开运算。

语法格式如下：

```
J = imopen(I,SE)
J = imopen(I,nhood)
```

参数说明：

J ＝ imopen(I,SE)对灰度或二值图像 I 执行形态学开运算，返回经过开运算的图像 J。SE 是由 strel 或 offsetstrel 函数返回的单个结构元素对象。形态学开运算是先腐蚀后膨胀，这两种运算使用相同的结构元素。

J ＝ imopen(I,nhood)对图像 I 执行开运算，其中 nhood 是由 0 和 1 组成的矩阵，用于指定结构元素邻域。imopen 函数通过 floor((size(nhood)＋1)/2) 确定邻域的中心元素，此语法等效于 imopen(I,strel(nhood))。

例 7.3　对 kai.png 图像进行腐蚀与开运算操作，并比较处理结果。

【解】　MATLAB 程序如下：

```
clear,clc,close all
%将图像读入工作区
original = imread('kai.png');
originalhd=rgb2gray(original);
%originalhd(find(originalhd==255))=150;

%创建一个 3×3 结构元素
se = strel('square',3);

%用该结构元素腐蚀图像和对图像进行开运算
eroded1 = imerode(originalhd,se);
eroded2 = imopen(originalhd,se);
%查看原始灰度图像和腐蚀的图像
subplot(1,3,1),imshow(originalhd)
title('原始灰度图像')
subplot(1,3,2),imshow(eroded1)
title('3×3结构元素腐蚀图像')
subplot(1,3,3),imshow(eroded2)
title('3×3结构元素对图像进行开运算')
```

程序运行结果如图 7.5 所示。从图 7.5 可以看出，腐蚀运算在去除毛刺的同时，收缩了图像，但是开运算在去除毛刺的同时，并没有收缩图像。

图 7.5　例 7.3 程序运行结果

7.4　图像闭运算

闭运算即对图像先进行膨胀运算，接着进行腐蚀运算。闭运算是腐蚀与膨胀运算的复合运算，其与开运算操作顺序正好相反。

对于 $\mathbf{Z}^2$ 平面上的待处理图像 A 和结构元素 S，利用 S 对图像 A 进行闭运算操作，记作 $A \cdot S$，其表达式如式（7.4）所示。

$$A \cdot S = (A \oplus S) \ominus S \qquad (7.4)$$

闭运算和开运算都能使图像轮廓光滑，但与开运算不同，闭运算通常会扩充微小连接，同时填充微小空洞。

在 MATLAB 语言中，对图像进行闭运算，可以使用 imerode 和 imdilate 函数的组合，或者直接使用闭运算函数 imclose。

imclose 函数对图像执行形态学闭运算。

语法格式如下：

```
J = imclose(I,SE)
J = imclose(I,nhood)
```

参数说明：

J = imclose(I,SE)对灰度或二值图像 I 执行形态学闭运算，返回经过闭运算的图像 J。SE 是由 strel 或 offsetstrel 函数返回的单个结构元素对象。形态学闭运算是先膨胀后腐蚀，这两种运算使用相同的结构元素。

J = imclose(I,nhood)对图像 I 执行闭运算，其中 nhood 是由指定结构元素邻域的 0 和 1 组成的矩阵。imclose 函数通过 floor((size(nhood)＋1)/2) 确定邻域的中心元素，此语法等效于 imclose(I,strel(nhood))。

例 7.4　对 bi.png 图像进行膨胀与闭运算操作，并比较处理结果。

【解】　MATLAB 程序如下：

```
clear,clc,close all
%将图像读入工作区
original = imread('bi.png');
originalhd=rgb2gray(original);

%创建一个 3×3 结构元素
se = strel('square',3);

%用该结构元素膨胀图像和对图像进行闭运算
e1 = imdilate(originalhd,se);
e2 = imclose(originalhd,se);
%查看原始灰度图像和膨胀的图像
```

```
subplot(1,3,1),imshow(originalhd)
title('原始灰度图像')
subplot(1,3,2),imshow(e1)
title('3×3结构元素膨胀图像')
subplot(1,3,3),imshow(e2)
title('3×3结构元素对图像进行闭运算')
```

程序运行结果如图 7.6 所示。从图 7.6 可以看出，膨胀运算在填充空洞的同时，膨胀了图像，但是闭运算在填充空洞的同时，并没有膨胀图像。

原始灰度图像　　　3×3结构元素膨胀图像　　　3×3结构元素对图像进行闭运算

图 7.6　例 7.4 程序运行结果

习 题 七

1．形态学中开运算，是先对图像进行_____运算，接着进行_____运算。

2．形态学中闭运算，是先对图像进行_____运算，接着进行_____运算。

3．形态学处理中最基本的运算是腐蚀与膨胀。其中，_____通常在去除小颗粒以及消除目标物之间的粘连方面是非常有效的。

4．形态学处理中最基本的运算是腐蚀与膨胀。其中，_____通常用以填补目标物中存在的某些空洞。

5．如图 7.7 所示，黑点代表目标，白点代表背景；X 是待处理图像，B 是结构元素，原点在中心，试分别给出 B 对 X 进行开运算和闭运算的结果。

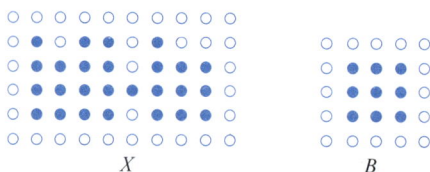

X　　　　　B

图 7.7　习题 5 用图

图 像 描 述

在对图像进行目标物体分割后,图像描述用一组数量或符号(描述子)来表征图像中被描述物体的某些特征,可以是对图像中各组成部分性质的描述,也可以是对各部分彼此间关系的描述,进而对图像进行分析与识别。图像处理过程如图 8.1 所示。

图像分割   对图像进行分析与识别

图像描述

图 8.1 图像处理过程

本章将在介绍二值图像几何特征的基础上,对二维形状的区域描述和纹理描述进行讨论。

8.1 二值图像几何特征

为了便于分析图像,一般情况下,通过前述图像分割技术,将目标物体从图像中分割出来,目标物体颜色值取值为 1,而将其他物体或背景取值为 0,这样可将要处理的灰度图像转换为二值图像。

二值图像的优势不仅在于它比灰度图像存储容量小、计算速度快,且便于进行图像的布尔逻辑运算以处理图像,更在于它可以计算出图像中目标物体的几何特征,如目标物的面积、周长等。

1. 面积

目标物体的面积 A 就是目标物所占的像素的数目。

2. 周长

周长有如下三种不同的定义。

(1) 若将图像中每个像素看作单位面积的小方格,则区域 S 的周长可以定义为目标区域和背景交界线的长度。

(2) 将像素看作一个点,则周长可以定义为区域边界 8 链码的长度。

(3) 周长用目标物体边界所占面积表示,即边界点数之和。

例 8.1 对图 8.2 所示的区域,利用上述三种计算周长的方法分别求取区域的周长。

【解】

(1) 利用目标区域与背景交界线长度定义周长时,周长为 24。

（2）利用 8 链码计算周长时，周长为 $10+5\sqrt{2}$，其求解过程如图 8.3 所示。

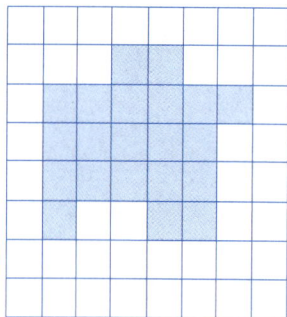

图 8.2　图像周长示例

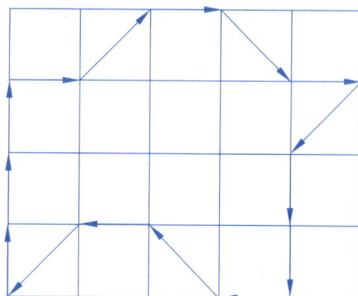

图 8.3　周长求解过程

（3）利用目标物体边界所占面积表示时，周长为 15。

3. 位置

由于目标物体在图像中总是有一定的面积大小，通常不是一个像素的，因此有必要定义目标物体在图像中的精确位置。

定义目标物体面积中心点就是该目标物体在图像中的位置，面积中心就是单位面积质量恒定的相同形状图形的质心。

设 $M\times N$ 的数字图像 $f(x,y)$，其位置用质心 $(\overline{X},\overline{Y})$ 定义，如式（8.1）所示。

$$\overline{X}=\frac{1}{MN}\sum_{x=1}^{M}\sum_{y=1}^{N}xf(x,y)$$

$$\overline{Y}=\frac{1}{MN}\sum_{x=1}^{M}\sum_{y=1}^{N}yf(x,y)$$

(8.1)

4. 方向

假设物体是细长的，则可把较长方向的轴定义为物体的方向。

通常目标物体选择最小惯量轴在二维平面上的等效轴为其方向。

最小惯量轴定义为在目标上找一条直线，使得目标物体上的所有像素到这条直线的垂直距离的平方和最小。

5. 距离

只要满足距离公理（非负、对称和三角不等式）的函数都可以作为距离。

数字图像里常用的距离有三种。

设图像中有 1 个像素 A，其坐标为 (i,j)；另一个像素为 B，其坐标为 (h,k)。

（1）欧几里得距离：欧几里得距离 d 定义如式（8.2）所示。

$$d=\sqrt{(i-h)^{2}+(j-k)^{2}}$$

(8.2)

（2）4 邻域距离：4 邻域距离 D_4 定义如式（8.3）所示。

$$D_4=|i-h|+|j-k|$$

(8.3)

（3）8 邻域距离：8 邻域距离 D_8 定义如式（8.4）所示。

$$D_8=\max(|i-h|,|j-k|)$$

(8.4)

例 **8.2**　计算图 8.4 中两像素(i,j)与(h,k)的三种距离。

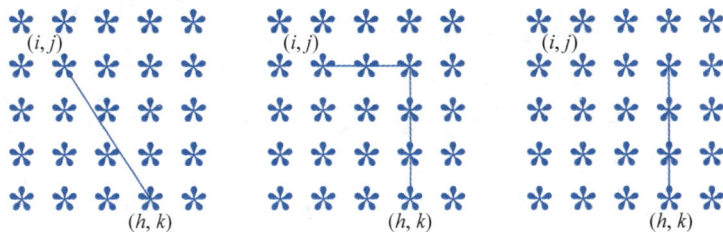

图 8.4　图像距离示例

【解】

（1）欧几里得距离：

$$d = \sqrt{(i-h)^2 + (j-k)^2} = \sqrt{3^2 + 2^2} = \sqrt{13}$$

（2）4 邻域距离：

$$D_4 = \mid i-h \mid + \mid j-k \mid = 3+2 = 5$$

（3）8 邻域距离：

$$D_8 = \max(\mid i-h \mid, \mid j-k \mid) = \max(3,2) = 3$$

8.2　二维形状描述

在人的视觉感知、识别和理解中，图像形状是一个重要参数。描述目标物体二维图像上的形状特性可用于机器识别。

一幅图像目标区域确定后，可利用一套描述子来表示其特性。

选择区域描述子不仅是为了减少在区域中原始数据的数量，而且应有利于区分不同特性的区域，因此，这些描述子，对于目标物体大小的变化（即比例）、旋转、平移等应具有不变性。

本节介绍两种目标物体区域描述子，即分散度与矩不变量，两者都具有比例、旋转和平移不变性。

8.2.1　分散度

分散度也称为圆度，即与圆的接近程度。

A 为图像目标物体的面积，P 为目标物体的周长，则分散度 fs 定义如式(8.5)所示。

$$fs = P^2/A \tag{8.5}$$

分散度是一种面积形状的测度，这个测度符合人类的认识，相同面积的几何形状物体，其周长越小，越紧凑。

利用上述定义，可以计算圆形的分散度为 4π，正方形的分散度为 16，圆形是最紧凑的图形。

一般几何形状越复杂，分散度越大。

分散度虽然能反映目标形状的紧凑程度，但是其有二义性。分散度的二义性是指具有相同面积和周长的图形并不一定相同。

图 8.5 中，两幅图像具有相同的面积与周长，但是两者为不同的图形，因此在利用分散度的时候，需要注意避免图形的二义性。

例 8.3 利用分散度，编写 MATLAB 程序，正确识别等边三角形、正方形和圆形。

【解】 MATLAB 程序如下：

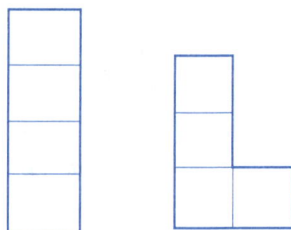

图 8.5 分散度的二义性示例

```matlab
%三个图形在同一张图片上
clear,clc,close all
I=imread("R-C.png");
G=rgb2gray(I);

subplot(1,2,1)
imshow(I);title("原始图像",'FontSize',16)

%将图像二值化
BW=imbinarize(G,0.8);
BW=~BW;

[L,n]=bwlabel(BW,4);
[width,height]=size(L);
N=width * height;
BW1=zeros(width,height);
BW2=zeros(width,height);
BW3=zeros(width,height);
for i=1:width
    for j=1:height
        if(L(i,j) == 1)
            BW1(i,j)=1;
        else
            BW1(i,j)=0;
        end
        if(L(i,j) == 2)
            BW2(i,j)=1;
        else
            BW2(i,j)=0;
        end
        if(L(i,j) == 3)
            BW3(i,j)=1;
        else
            BW3(i,j)=0;
```

```
        end
    end
end

S(1)=regionprops(BW1,'Area','Perimeter');
%计算第 1 个图形像素数——面积、周长
P(1)=S(1).Perimeter;
A(1)=S(1).Area;
Y(1)=(P(1)^2)/A(1);%计算分散度

S(2)=regionprops(BW2,'Area','Perimeter');
%计算第 2 个图形像素数——面积、周长
P(2)=S(2).Perimeter;
A(2)=S(2).Area;
Y(2)=(P(2)^2)/A(2);%计算分散度

S(3)=regionprops(BW3,'Area','Perimeter');
%计算第 3 个图形像素数——面积、周长
P(3)=S(3).Perimeter;
A(3)=S(3).Area;
Y(3)=(P(3)^2)/A(3);%计算分散度

subplot(1,2,2)
imshow (I)
if Y(1)>9 && Y(1)<14                          %根据分散度大致区间判断图形
    text(50,60,'第 1 个是圆形','FontSize',16);
end
if Y(1)>=14 && Y(1)<17
    text(50,60,'第 1 个是正方形','FontSize',16);
end
if Y(1)>=17
    text(50,60,'第 1 个是三角形','FontSize',16);
end

if Y(2)>9 && Y(2)<14                          %根据分散度大致区间判断图形
    text(450,60,'第 2 个是圆形','FontSize',16);
end
if Y(2)>=14 && Y(2)<17
    text(450,60,'第 2 个是正方形','FontSize',16);
end
if Y(2)>=17
    text(450,60,'第 2 个是三角形','FontSize',16);
end
```

```
if Y(3)>9 && Y(3)<14                          %根据分散度大致区间判断图形
    text(820,60,'第 3 个是圆形','FontSize',16);
end
if Y(3)>=14 && Y(3)<17
    text(820,60,'第 3 个是正方形','FontSize',16);
end
if Y(3)>=17
    text(820,60,'第 3 个是三角形','FontSize',16);
end
```

程序运行结果如图 8.6 所示。

图 8.6　例 8.3 程序运行结果

8.2.2　矩不变量

矩特征对于图像的旋转、比例和平移具有不变性，因此可以用来描述图像中的区域特性。

对于二维连续函数 $f(x,y)$，其 $(p+q)$ 阶矩定义如式（8.6）所示。

$$m_{pq} = \int_{-\infty}^{+\infty} \int_{-\infty}^{+\infty} x^p y^q f(x,y) \, dx \, dy \tag{8.6}$$

式中，$(p,q)=0,1,2,\cdots$。

只要 $f(x,y)$ 是分段连续的，则其各阶矩都存在。通常对实际处理的图像，认为各阶矩都存在。

对矩特征进行归一化处理，得到图像的中心矩，式（8.7）所示。

$$\mu_{pq} = \int_{-\infty}^{+\infty} \int_{-\infty}^{+\infty} (x-\bar{x})^p (y-\bar{y})^q f(x,y) \, dx \, dy \tag{8.7}$$

式中，$\bar{x}=\dfrac{m_{10}}{m_{00}}$，$\bar{y}=\dfrac{m_{01}}{m_{00}}$。

对于数字图像，由于其为离散数据，因此其 $(p+q)$ 阶矩定义式（8.8）所示。

$$m_{pq} = \sum_{i=0}^{M} \sum_{j=1}^{N} i^p j^q f(i,j) \tag{8.8}$$

式中，M 为图像行数，N 为图像列数。

对于图像分割后的二值图像，目标区域 R 处的 $f(i,j)$ 的值为 1，因此其 $(p+q)$ 阶矩及中心距如式（8.9）和式（8.10）所示。

$$m_{pq} = \sum_{(i,j) \in \mathbf{R}} \sum i^p j^q \tag{8.9}$$

$$\mu_{pq} = \sum_{(i,j) \in \mathbf{R}} \sum (i - \bar{i})^p (j - \bar{j})^q \tag{8.10}$$

式中，$\left(\bar{i} = \dfrac{m_{10}}{m_{00}}, \bar{j} = \dfrac{m_{01}}{m_{00}} \right)$ 为目标物体区域的形心。

归一化中心矩如式(8.11)所示。

$$\eta_{pq} = \frac{\mu_{pq}}{\mu_{00}^r} \tag{8.11}$$

式中，$r = \dfrac{(p+q)}{2} + 1$。

利用 η_{pq} 可表示 7 个具有平移、比例和旋转不变性的矩不变量，如式(8.12)所示。

$$
\begin{cases}
\phi_1 = \eta_{20} + \eta_{02} \\
\phi_2 = (\eta_{20} - \eta_{02})^2 + 4\eta_{11}^2 \\
\phi_3 = (\eta_{30} - 3\eta_{12})^2 + (3\eta_{21} - \eta_{03})^2 \\
\phi_4 = (\eta_{30} + \eta_{12})^2 + (\eta_{21} + \eta_{03})^2 \\
\phi_5 = (\eta_{30} - 3\eta_{12})(\eta_{30} + \eta_{12})[(\eta_{30} + \eta_{12})^2 - 3(\eta_{21} + \eta_{03})^2] + \\
\qquad (3\eta_{21} - \eta_{03})(\eta_{21} + \eta_{03})[3(\eta_{30} + \eta_{12})^2 - (\eta_{21} + \eta_{03})^2] \\
\phi_6 = (\eta_{20} - \eta_{02})[(\eta_{30} + \eta_{12})^2 - (\eta_{21} + \eta_{03})^2] + 4\eta_{11}(\eta_{30} + \eta_{12})(\eta_{21} + \eta_{03}) \\
\phi_7 = (3\eta_{21} - \eta_{03})(\eta_{30} + \eta_{12})[(\eta_{30} + \eta_{12})^2 - 3(\eta_{21} + \eta_{03})^2] + \\
\qquad (3\eta_{12} - \eta_{30})(\eta_{21} + \eta_{03})[3(\eta_{30} + \eta_{12})^2 - (\eta_{21} + \eta_{03})^2]
\end{cases} \tag{8.12}
$$

目标物体的零阶矩反映了目标物体的面积，一阶矩反映了目标物体的质心位置，二阶矩又称惯性矩，三阶以上矩主要描述目标物体的细节。

例 8.4　编写程序，利用矩不变量正确识别字母 A、B 和 C。

【解】　MATLAB 程序如下：

```
clear,clc,close all
I=imread("A.png");
G=rgb2gray(I);
subplot(1,2,1);
imshow(G);title("灰度图像")
level = graythresh(G);                    %将图像二值化
BW=imbinarize(G,level);
BW=~BW;
subplot(1,2,2);
imshow(BW);title("二值化后图像")

[width,height]=size(BW);
%利用不变矩识别 A、B 和 C
```

```
m10=0; m01=0;
for i=1:width
    for j=1:height
        m10=m10+i * BW(i,j);
        m01=m01+j * BW(i,j);
    end
end
m00=sum(sum(BW));
x=m10/m00;                              %目标物体区域的形心
y=m01/m00;

%求两个不变矩
u00=m00;
u20=0;u02=0;u11=0;
for i=1:width
    for j=1:height
        u20=u20+(i-x)^2;
        u02=u02+(j-y)^2;
        u11=u11+(i-x) * (j-y);
    end
end

n20=u20/(u00^2);
n02=u02/(u00^2);
n11=u11/(u00^2);
f1=n20+n02;                             %一阶不变矩
f2=(n20-n02)^2+4 * (n11)^2;             %二阶不变矩

if f2>20000 && f2<40000                 %根据大致区间判断字母
    disp('该字母是:A');
end
if f2<=20000
    disp('该字母是:B');
end
if f2>=40000
    disp('该字母是:C');
end
```

由于本例题只是识别三个字母，因此，只使用二阶矩即可区分，这样计算量小，识别速度快。

程序运行结果如图 8.7 所示。

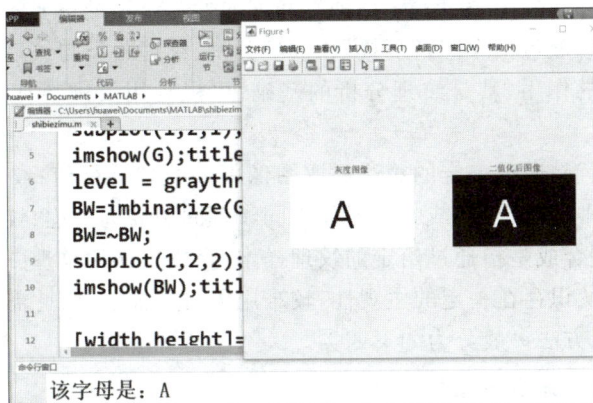

图 8.7　例 8.4 程序运行结果

8.3　纹　理　描　述

纹理是由于物体表面属性不同而产生的,不同的物体由于表面属性不同而产生不同的纹理图像,因此可以利用纹理属性对不同图像(即不同物体)进行分析。

纹理分析技术在工业表面检测、医学图像分析、遥感图像分析及图像检索等领域应用广泛。

至今为止,纹理尚未给出精确定义,一般纹理是指图像像素间的灰度及颜色在空间位置上的重复或变化,组成纹理的基本元素称为纹理基元或者纹元,即纹理基元在图像中是反复出现的,根据其在图像中的排列规则,纹理可分为规则纹理与不规则纹理两类。规则纹理是指纹理基元较规则地排列在图像中,如图 8.8(a)所示;不规则纹理是指纹理基元较随机地排列在图像中,如图 8.8(b)所示;可以看出,纹理图像为一种局部不规则但整体上表现较为规则的图像。

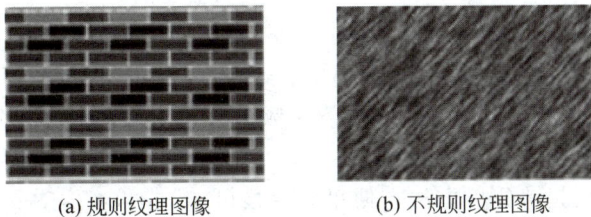

(a) 规则纹理图像　　　　　　　(b) 不规则纹理图像

图 8.8　纹理图像

8.3.1　纹理分析概述

纹理的两个基本元素为纹理基元与其排列规则,如式(8.13)所示。

$$f = R(e) \tag{8.13}$$

式中,R 为纹理基元的排列规则,e 为纹理基元。

R 与 e 的不同组合可构成多种纹理结构。纹理特性可以用粗糙性、密度、周期性、方向性、强度等进行描述，其中，粗糙性、周期性和方向性为纹理最重要的特性描述方式。

纹理分析技术一般包括纹理特征提取、纹理分割、纹理分类与纹理合成等。其中纹理特征提取具有重要的作用，其是纹理分析的基础；可以利用纹理特征对纹理图像进行分割、分类、检索等。

纹理特征提取就是通过一定的算法提取图像中的纹理特征值；纹理分割是指把同一种纹理区域从图像中提取出来，或者是寻找不同纹理间边界的过程；纹理分类即对图像纹理类别的判断；纹理合成是指通过给定的纹理样本，合成出新的纹理图像。

人们对纹理的认识存在一定的主观性，较难用语言来描述，因此需从图像中提取纹理特征，纹理特征提取方法一般分为如下四类。

1. 纹理特征统计分析方法

纹理特征统计分析方法是一种研究像素间局部相关性的统计方法，这种方法统计纹理的稀疏程度、平滑性等性质，一般有一阶、二阶或高阶统计特性。

常用的纹理特征统计分析方法有灰度共生矩阵（Gray Level Co-occurrence Matrix，GLCM）方法、灰度差分统计（Gray Level Difference Statistics）方法、自相关函数（Autocorrelation Function）方法、局部二值模式（Local Binary Pattern，LBP）方法等。

2. 结构分析方法

在结构分析方法中，纹理可看作一种纹理基元按照某种排列规则进行分布的图像，其纹理分析过程即提取纹理基元与推理纹理基元排列规则，并在此基础上进一步分析纹理的单元密度、周长、面积、方向、欧拉数等几何形态。

3. 纹理特征模型分析方法

纹理特征模型分析方法是一种假设纹理符合某种统计模型分布，把模型参数作为纹理特征属性的方法，因此估计模型参数是此方法的核心问题。

常用的纹理特征模型分析方法有马尔可夫随机场（Markov Random Field，MRF）模型、自回归模型（Autoregressive Model，AR 模型）、分形模型（Fractal Model）等。

4. 纹理特征频谱分析方法

人类分析纹理图像时，其实是分析图像的频率与方向，纹理特征频谱分析方法与人类视觉分析过程相一致；这种方法利用多分辨率频谱分析对纹理图像的频率与方向进行滤波并计算其纹理特征。

常用的纹理特征频谱分析方法有傅里叶变换（Fourier Transform）方法、Gabor 滤波器（Gabor Filter）与小波变换（Wavelet Transform）方法等。

灰度共生矩阵（GLCM）是 Haralick 在 1973 年提出的用于分析图像纹理的一种数学模型，为一种典型的纹理特征统计分析方法，因此下面将对其进行重点介绍。

8.3.2 基于共生矩阵的纹理特征分析技术

基于共生矩阵的纹理特征分析技术属于一种统计分析技术，其建立在二阶组合条件概率密度函数基础上，纹理图像是纹理基元在空间位置上按照一定规则排列的图像，因此纹理图像的灰度分布在空域上是反复交替变化的，因此在纹理图像中，像素灰度值间存在一定关系,即具有空间相关性,共生矩阵具备分析这种空间相关性的能力。

1. 共生矩阵含义

假设一幅图像 I,其中某像素坐标为 (x,y),其灰度值为 i,即 $f(x,y)=i$,另一像素的坐标为 $(x+\Delta x,y+\Delta y)$,其灰度值为 j,即 $f(x+\Delta x,y+\Delta y)=j$,共生矩阵统计图像中沿某方向、相隔一定间隔距离且灰度值为 (i,j) 的像素对出现的次数,可用 $p(i,j/d,\theta)$ 表示,其中 d 表示两个像素之间的距离,θ 表示两个像素间的角度,通常 θ 取值为 $0°,45°,$ $90°,135°,i,j$ 为两个像素的灰度值,共生矩阵能反映图像灰度变化情况。

如果图像 I 有 L 个灰度级,归一化共生矩阵元素用 $C(i,j)$ 表示,其维数为 $L\times L$,如式(8.14)所示,示意图如图 8.9 所示。

$$C(i,j)=p(i,j/d,\theta)\bigg/\sum_{i=0}^{L-1}\sum_{j=0}^{L-1}p(i,j/d,\theta) \tag{8.14}$$

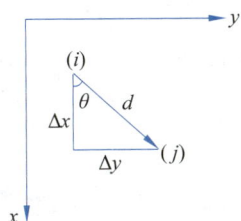

(a) 共生矩阵像素对示意图　　　　(b) 共生矩阵示意图

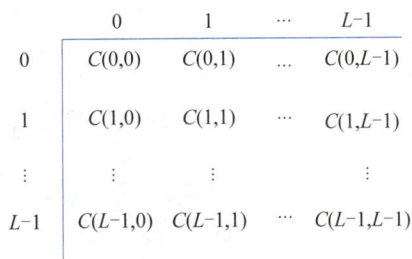

图 8.9　共生矩阵示意图

d 和 θ 的取值影响共生矩阵的取值,因此需要根据具体图像,确定合适的 d 和 θ,这更利于纹理图像的分析。

2. 共生矩阵纹理特征

Haralick 提出了 14 个基于共生矩阵的纹理特征,MATLAB 语言中内部函数实现了4 个纹理特征值的计算,因此,下面只介绍 MATLAB 语言中的四个特征值计算方法。

1) 对比度

对比度(Contrast,Con)又称为惯性矩;对比度可以体现图像的清晰度、纹理沟纹深浅的程度(即纹理强弱)。纹理越强即沟纹越深,其对比度值越大,视觉效果较好;相反,对比度值小,则纹理弱即沟纹浅,纹理图像较模糊。在灰度共生矩阵中,如果远离对角线的元素值越大,则对比度值越大,即纹理较强。

其定义如式(8.15)所示。

$$\text{Con}=\sum_{i=0}^{L-1}\sum_{j=0}^{L-1}(i-j)^2C(i,j) \tag{8.15}$$

2) 相关性

相关性(Correlation,Cor)用来衡量灰度共生矩阵在行或列方向上的相似程度,当灰度共生矩阵元素值分布均匀时,相关性较强,反之,如果灰度共生矩阵元素值分布相差很大时,则相关性较弱;纹理指向哪个方向,则哪个方向的相关性较大。

其定义如式(8.16)所示。

$$\mathrm{Cor} = \sum_{i=0}^{L-1}\sum_{j=0}^{L-1}(i \times j \times C(i,j) - \mu_x\mu_y)/\sigma_x^2\sigma_y^2 \tag{8.16}$$

式中：

$$\mu_x = \sum_{i=0}^{L-1}\sum_{j=0}^{L-1} i \times C(i,j)$$

$$\mu_y = \sum_{i=0}^{L-1}\sum_{j=0}^{L-1} j \times C(i,j)$$

$$\sigma_x^2 = \sum_{i=0}^{L-1}\sum_{j=0}^{L-1}(i-\mu_x)C(i,j)$$

$$\sigma_y^2 = \sum_{i=0}^{L-1}\sum_{j=0}^{L-1}(j-\mu_y)C(i,j)$$

3）角二阶矩

角二阶矩（Angular Second Moment，ASM）又称为能量熵（Energy Entropy）。

角二阶矩能反映纹理粗细，纹理越粗，角二阶矩值越大，其定义如式(8.17)所示。

$$\mathrm{ASM} = \sum_{i=0}^{L-1}\sum_{j=0}^{L-1} C(i,j)^2 \tag{8.17}$$

4）逆差矩

逆差矩（Inverse Difference Moment，IDM）又称为同质性（Homogeneity），其是纹理均衡性的一种度量方式。

其定义如式(8.18)所示。

$$\mathrm{IDM} = \sum_{i=0}^{L-1}\sum_{j=0}^{L-1} C(i,j)/(1+(i-j)^2) \tag{8.18}$$

MATLAB语言中，相关性和同质性计算公式虽然对 Haralick 提出的纹理特征公式进行了略微改进，但它们的基本含义一致（请参考 MATLAB 语言帮助信息）。

3. 共生矩阵纹理特征提取的实现

在 MATLAB 中对图像进行纹理特征提取需要利用 graycomatrix 函数和 graycoprops 函数。

1）graycomatrix 函数

graycomatrix 函数从图像创建灰度共生矩阵。

语法格式如下：

```
glcms = graycomatrix(I)
glcms = graycomatrix(I,Name,Value)
[glcms,SI] = graycomatrix(___)
```

参数说明：

glcms = graycomatrix(I)从图像 I 创建灰度共生矩阵。

graycomatrix 通过计算灰度级（灰度强度）值为 i 的像素与灰度级值为 j 的像素水平

第 8 章　图像描述

相邻的频率来创建灰度共生矩阵(可以利用 'Offsets' 参数指定其他像素空间关系)。灰度共生矩阵中的每个元素 $C(i,j)$ 指定值为 i 的像素与值为 j 的像素水平相邻的次数。

glcms = graycomatrix(I, Name, Value)根据可选名称-值对参数的值,返回一个或多个灰度共生矩阵。

[glcms, SI] = graycomatrix(___)返回缩放后的图像 SI,用于计算灰度共生矩阵。

例 8.5　利用 MATLAB 语言,计算灰度图像 circuit.tif 的灰度共生矩阵,同时计算其对称灰度共生矩阵。

【解】　MATLAB 程序如下:

```
%将灰度图像读入工作区
I = imread('circuit.tif');
glcm = graycomatrix(I,'Offset',[2 0]);
[glcm1,SI] = graycomatrix(I,'Offset',[2 0],'Symmetric',true);
```

计算灰度图像的灰度共生矩阵,默认情况下,graycomatrix 基于像素的水平接近度 [0 1] 计算灰度共生矩阵,即关注的像素位于同一行的下一个像素;此示例指定了偏移量为 2,即同一列上相隔两行。

使用 Symmetric 选项计算对称灰度共生矩阵,当将 Symmetric 设置为 true 时创建的灰度共生矩阵是关于其对角线对称的,等效于 Haralick(1973)描述的灰度共生矩阵。

程序运行结果如图 8.10 和图 8.11 所示。

glcm
8x8 double

1	2	3	4	5	6	7	8
14205	2107	126	0	0	0	0	0
2242	14052	3555	400	0	0	0	0
191	3579	7341	1505	37	0	0	0
0	683	1446	7184	1368	0	0	0
0	7	116	1502	10256	1124	0	0
0	0	0	2	1153	1435	0	0
0	0	0	0	0	0	0	0
0	0	0	0	0	0	0	0

图 8.10　偏移量为 2 的灰度共生矩阵

glcm1
8x8 double

1	2	3	4	5	6	7	8
28410	4349	317	0	0	0	0	0
4349	28104	7134	1083	7	0	0	0
317	7134	14682	2951	153	0	0	0
0	1083	2951	14368	2870	2	0	0
0	7	153	2870	20512	2277	0	0
0	0	0	2	2277	2870	0	0
0	0	0	0	0	0	0	0

图 8.11　对称灰度共生矩阵

2）graycoprops 函数

graycoprops 函数计算灰度共生矩阵的特征值。

语法格式如下：

```
stats = graycoprops(glcm,properties)
```

参数说明：

stats = graycoprops(glcm,properties)根据灰度共生矩阵计算指定的纹理特征值。

graycoprops 对灰度共生矩阵进行归一化处理，使其元素之和等于 1。归一化灰度共生矩阵中的每个元素 $C(r,c)$ 是图像中具有灰度值 r 和 c 的定义空间关系的像素对的联合概率。graycoprops 利用归一化的灰度共生矩阵来计算特征值。

例 8.6　创建一个 4 行 4 列的图像，同时计算其灰度共生矩阵的特征值。

【解】　MATLAB 程序如下：

```
glcm = [0 1 2 3;1 1 2 3;1 0 2 0;0 0 0 3];
stats = graycoprops(glcm);
```

程序运行结果如下：

```
glcm =
     0    1    2    3
     1    1    2    3
     1    0    2    0
     0    0    0    3
stats = struct with fields:
       Contrast: 2.8947
    Correlation: 0.0783
         Energy: 0.1191
    Homogeneity: 0.5658
```

例 8.7　对于灰度图像 circuit.tif，从两个灰度共生矩阵中计算其纹理对比度和同质性特征值，两个灰度共生矩阵的参数'Offset'设置为[2 0;0 2]。

【解】　MATLAB 程序如下：

```
clear,clc,close all
%将灰度图像读取到工作区
I = imread('circuit.tif');
%从图像创建两个灰度共生矩阵，并指定不同的偏移量
glcm = graycomatrix(I,'Offset',[2 0;0 2])
%从灰度共生矩阵中计算图像的纹理对比度和同质性特征值
stats = graycoprops(glcm,{'contrast','homogeneity'})
```

程序运行结果如下：

```
glcm(:,:,1) =
```

14205	2107	126	0	0	0	0	0
2242	14052	3555	400	0	0	0	0
191	3579	7341	1505	37	0	0	0
0	683	1446	7184	1368	0	0	0
0	7	116	1502	10256	1124	0	0
0	0	0	2	1153	1435	0	0
0	0	0	0	0	0	0	0
0	0	0	0	0	0	0	0

```
glcm(:,:,2) =
```

13938	2615	204	4	0	0	0	0
2406	14062	3311	630	23	0	0	0
145	3184	7371	1650	133	0	0	0
2	371	1621	6905	1706	0	0	0
0	0	116	1477	9974	1173	0	0
0	0	0	1	1161	1417	0	0
0	0	0	0	0	0	0	0
0	0	0	0	0	0	0	0

```
stats = graycoprops(glcm,{'contrast','homogeneity'})
stats = struct with fields:
        Contrast: [0.3420 0.3567]
     Homogeneity: [0.8567 0.8513]
```

习　题　八

1. 在图像识别的特征提取环节，其特征值应具有 _____、_____ 和 _____ 不变性。

2. 阐述利用分散度识别图像的优势，同时阐述其二义性。

3. 按照周长的三种定义方法，计算图 8.12 的周长。

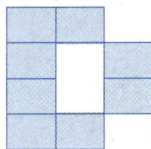

图 8.12　习题 3 用图

第 9 章

神经网络与深度学习

在机器学习领域，神经网络是构成深度学习算法核心的基础架构，而深度学习则是神经网络概念的一个扩展，指具有多个隐藏层的复杂神经网络。神经网络提供了搭建复杂深度学习模型的基石，深度学习则通过堆叠较多的神经网络层，实现对数据更深层次的学习和理解。

神经网络与深度学习能够自动地从数据中学习到复杂的非线性关系，无须人工预先定义规则，这使得其在图像识别、语音识别和自然语言处理等领域得到了广泛应用。

9.1 神 经 网 络

神经网络是由互相连接的节点（"神经元"，又称为"感知器"）组成的网络，这些"神经元"模仿人脑的运作方式，能够通过输入数据"学习"并作出预测或分类。

9.1.1 感知器

神经网络的基本组成单元是神经元，即感知器。感知器是由美国心理学家 Frank Rosenblatt 在 20 世纪 50 年代提出的人工神经网络模型，是一种基于人体神经元结构的人工神经网络模型。

最初的感知器是由多个输入节点、加权函数和一个二进制输出节点构成的单层神经网络，其基本结构如图 9.1 所示。

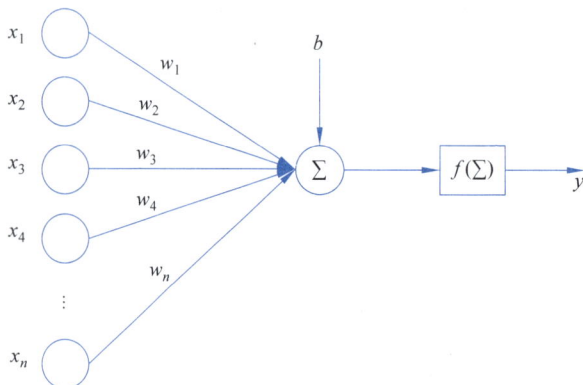

图 9.1 感知器的结构

感知器对输入信号进行加权求和后,经过非线性激活函数(Non-Linear Activation Function)处理,最终得到二进制的输出结果,这一处理过程可以由式(9.1)表示。

$$y = f\left(\sum_{i=1}^{n} w_i x_i + b\right) \qquad (9.1)$$

式中,x_i 为输入向量的第 i 个分量,w_i 为对应的权重,b 为偏置项,f 为非线性激活函数,y 为最终输出结果。

最初的感知器是一个非常简单的二元分类器,确定给定的输入图像是否属于给定的类。为了实现这一点,其利用单位阶跃激活函数,如果输入大于 0,则输出为 1;否则,输出为 0。

9.1.2　多层感知器

多层感知器是一种前馈神经网络(Feedforward Neural Network,FNN)模型。在前馈神经网络中,神经元(感知器)依据接收信息的先后分为不同的组,每一组神经元可以看作一个神经层。

前馈神经网络通常由输入层、隐藏层、输出层组成,如图 9.2 所示。

输入层接收待处理的原始数据;隐藏层通过对输入数据进行加权求和,引入非线性激活函数来处理这些加权求和结果,实现对数据的抽象和特征提取;输出层则负责将隐藏层的处理结果输出,用于实际的预测或分类任务。

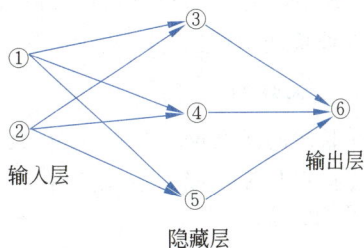

图 9.2　前馈神经网络

在整个前馈神经网络中,信息都是单向传播的。可以把前馈神经网络看作一个函数,该函数采用简单的非线性函数组合,实现由输入到输出的复杂映射。

9.2　深 度 学 习

深度学习是一种基于多层人工神经网络的机器学习技术,它可以从复杂的数据中挖掘出深层的规律,从而有效地处理机器学习任务。深度学习的核心原理是仿照人类神经网络的构造,通过大量的数据训练,不断学习和优化网络参数,从而实现机器学习的目的。

深度学习通过组合低层特征形成更加抽象的高层表示属性类别或特征,以发现数据的分布式特征表示。研究深度学习的动机在于建立模拟人脑进行分析学习的神经网络,它模仿人脑的机制来解释数据,例如图像、声音和文本等。

虽然神经网络和深度学习密切相关,但两者之间还存在一些区别。最本质的区别在于深度。深度学习特指那些由多个隐藏层构成的神经网络,正是这些隐藏层的加深,使得模型能够表现出比传统浅层神经网络更强大的学习和抽象能力。在深度学习中,模型随着深度的增加,能够处理更加复杂的任务。

深度学习的另一个关键特点是端到端的学习。传统的机器学习模型往往需要手动提取特征，然后用这些特征来训练模型，而深度学习模型能够直接从原始数据中自动学习到复杂的特征，从而实现从输入到输出的端到端学习。

9.2.1　深度学习模型

常用深度学习模型如下。

1. 卷积神经网络

卷积神经网络（Convolutional Neural Network，CNN）是一种专门用于处理图像和图像数据的深度学习模型。它通过卷积层和池化层来提取图像中的特征，然后通过全连接层执行分类或回归任务。

CNN 在计算机视觉中广泛应用于图像分类、物体检测和图像分割等任务。

2. 循环神经网络

循环神经网络（Recurrent Neural Network，RNN）是一种用于处理序列数据的神经网络模型。它通过循环结构来处理序列数据，可以捕捉时间依赖性。

RNN 常用于自然语言处理（NLP）和时间序列分析，但是存在梯度消失问题，使其难以处理长期依赖。

3. 长短时记忆网络

长短时记忆网络（Long Short-Term Memory，LSTM）是一种改进的 RNN，专门设计用于捕捉长期依赖关系，解决传统 RNN 中的梯度消失或梯度爆炸问题，提高模型的记忆能力。

LSTM 具有内部存储单元，能够更好地处理长序列，如机器翻译和语音识别。

4. 门控循环单元

2014 年，KyungHyun Cho 等提出了门控循环单元（Gated Recurrent Unit，GRU）模型，该模型简化了 LSTM 模型的结构，减少了计算量。

GRU 模型与 LSTM 模型类似，适用于处理时间序列数据。

5. 变分自编码器

2013 年，Diederik P. Kingma 和 Max Welling 提出了变分自编码器（Variational Autoencoder，VAE）模型。该模型可生成新的数据样本，同时对数据分布的显式概率进行建模。该模型由编码器和解码器组成，编码器将输入映射到潜在空间的概率分布上，解码器则从潜在空间生成数据。

VAE 一般用于图像生成、异常检测和强化学习等。

6. 生成对抗网络

生成对抗网络（Generative Adversarial Network，GAN）包括生成器和判别器两部分，通过对抗训练生成高质量的合成数据。生成器试图生成与真实数据相似的数据，而判别器则尝试区分真实数据和生成数据。

GAN 广泛用于生成图像、音频和文本等任务。

7. 深度 Q 网络

深度 Q 网络(Deep Q-Network,DQN)是一种用于强化学习的模型,用于解决策略问题。它学习一个值函数(Q 值函数),以指导智能体在环境中选择行动以最大化累积奖励。

DQN 广泛用于游戏玩法和机器人控制等领域。

8. 注意力机制

注意力机制(Attention Mechanism)于 2015 年前后开始流行,其可解决序列到序列任务中长距离依赖问题,使模型能够关注输入序列中的不同部分。注意力机制允许模型在不同时间上给予不同权重,可更好地捕捉上下文信息。

注意力机制可应用于机器翻译、问答系统和视觉问答等。

9. Transformer 模型

Transformer 是一种创新性的深度学习模型,最初用于自然语言处理任务。它采用了自注意力机制,消除了循环依赖,允许模型同时考虑输入序列中不同位置的信息,能够并行处理输入序列。

Transformer 模型已经成为自然语言处理任务的主流架构。

Transformer 模型可应用于机器翻译、文本摘要、对话系统与自然语言理解等。

10. 图神经网络

图神经网络(Graph Neural Network,GNN)是专门用于处理数据的深度学习模型。它能够捕捉节点和边之间的复杂关系,通过在图上执行节点聚合操作来传播信息,广泛用于社交网络分析、推荐系统、生物信息学和物理模拟等领域。

图神经网络在自然语言处理、物理化学和药物医学、图像处理、交通流量和轨迹预测等方面表现出色;同时其在知识图谱、信息检索、动态网络异常检测、医保欺诈分析、网络图分析等方面也发挥着重要的作用。

这些模型适合不同领域的应用,选择模型取决于处理的数据和问题类型。

9.2.2 激活函数

激活函数是神经网络中的重要组成,其主要作用是对神经网络的输入信号进行非线性映射,增强网络的表征能力。在神经网络中,每个神经元的输入是一些带权重的信号,通过加权和的方式得到一个输出,然后经过激活函数的作用,将这个输出值映射为一个非线性的函数值,再传递给下一层神经元。

在神经网络中,常见的激活函数包括 Sigmoid 函数、Tanh 函数、ReLU 函数及 LeakReLU 函数等。

1. Sigmoid 函数

Sigmoid 函数,亦称为 Logistic 函数,输出范围为[0,1]。Sigmoid 函数具有可微性,且梯度平滑,可避免输出值突变,常用于二分类任务。但 Sigmoid 函数也存在梯度消失、不以零为中心、计算成本高等缺点,特别是在输入值过大或过小时。梯度消失现象会导致梯度更新缓慢,影响学习效率。其图像如图9.3所示,函数表达式如式(9.2)表示。

$$f(x) = \frac{1}{1 + e^{-x}} \tag{9.2}$$

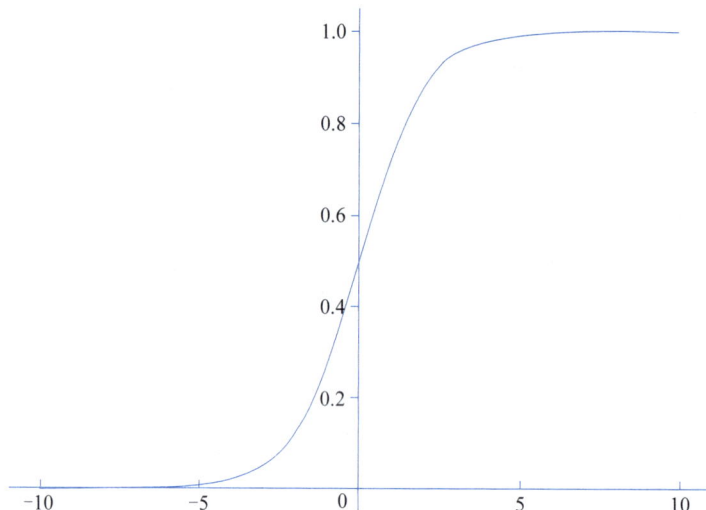

图 9.3　Sigmoid 函数示意图

2. Tanh 函数

Tanh 函数又名双曲正切函数,是在 Sigmoid 函数基础上为解决均值问题提出的,其函数表达式如式(9.3)所示。

$$f(x) = \frac{e^x - e^{-x}}{e^x + e^{-x}} \tag{9.3}$$

Tanh 函数的输出范围为$[-1,1]$,以 0 为中心,其图像如图9.4所示。其 S 形图像与 Sigmoid 函数类似,可看作 Sigmoid 函数放大平移得到的版本。虽然这并未改变其形状和性质,Tanh 函数仍存在梯度饱和现象。但与 Sigmoid 函数相比,其收敛速度更快。

3. ReLU 函数

ReLU 函数,作为一种分段线性函数,当输入值 $x>0$ 时,函数值取 x,当 $x \leqslant 0$ 时,函数值取 0。函数图像如图9.5所示,函数表达式如式(9.4)所示。

$$F(x) = \begin{cases} x, & x > 0 \\ 0, & x \leqslant 0 \end{cases} \tag{9.4}$$

目前,ReLU 函数弥补了上述两种损失函数梯度消失的缺陷,因此其成为深度学习领域广泛采用的激活函数之一。该激活函数不仅有效缓解了梯度消失问题,而且优化了梯度下降过程。同时,其计算速度较快,进一步提升了模型的训练效率。然而,该激活函数存在一个缺点——容易出现"死神经元"的情况,即部分神经元可能在训练过程中不再对任何数据激活,这会影响模型的学习能力。

4. LeakReLU 函数

作为 ReLU 函数的变形,LeakReLU 函数具有和 ReLU 函数相同的优势,且对"死神

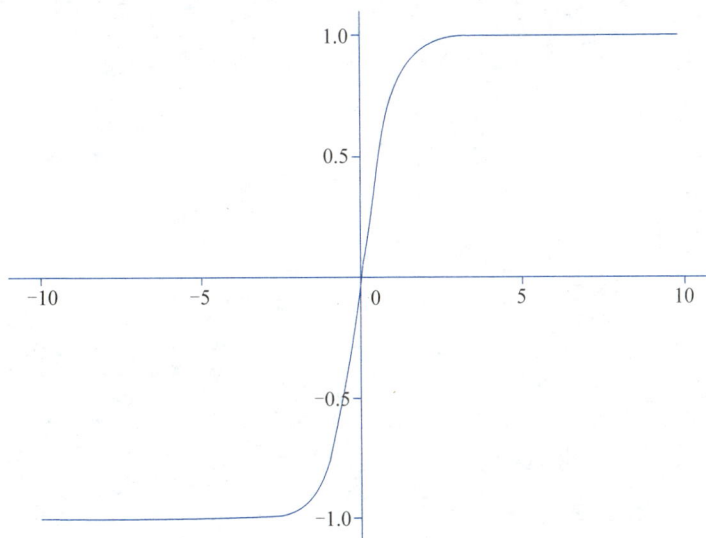

图 9.4　Tanh 函数示意图

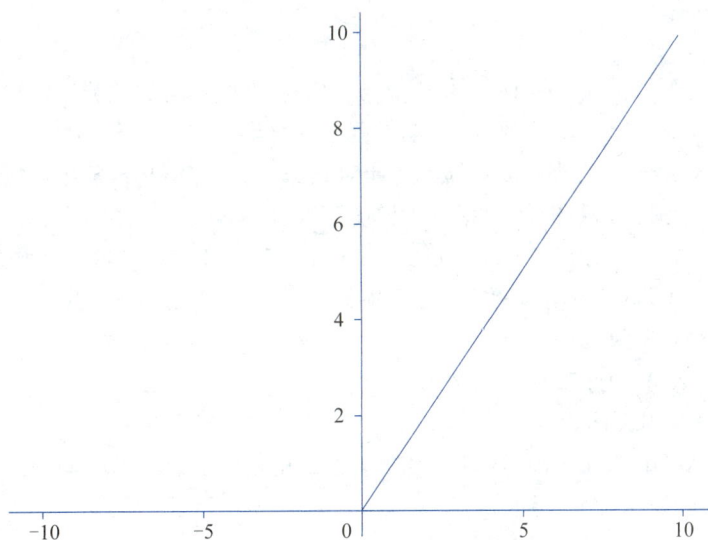

图 9.5　ReLU 函数示意图

经元"问题进行了改进。理论上,LeakReLU 函数具有比 ReLU 函数更好的性能潜力,但在实际应用中,LeakReLU 函数的表现并未明显优于 ReLU 函数,其在某些情况下稳定性不足,所以未被广泛应用。其图像如图 9.6 所示,函数表达式如式(9.5)所示。

尽管如此,LeakReLU 函数在处理特定任务时仍然是一个值得考虑的选择,特别是在需要解决 ReLU 函数可能导致的激活值丢失问题时,其有待进一步考虑。

$$f(x)=\begin{cases} x, & x>0 \\ \alpha x, & x\leqslant 0 \end{cases} \tag{9.5}$$

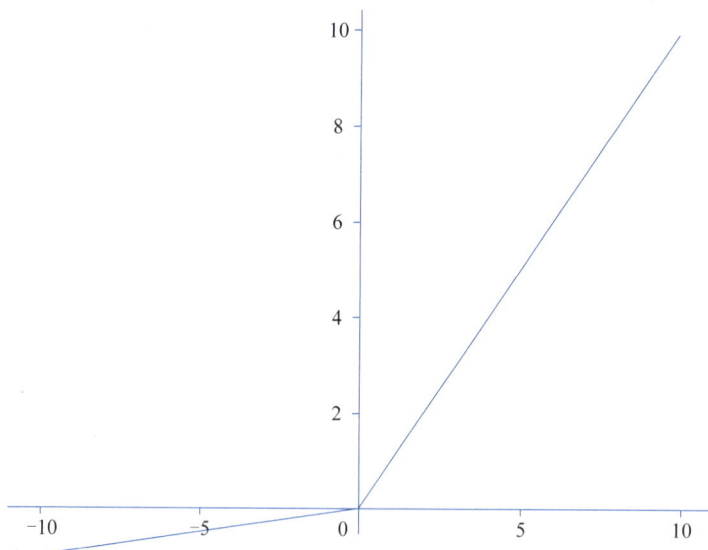

图 9.6　LeakReLU 函数示意图

9.2.3　损失函数

损失函数用于衡量模型的预测输出 $\hat{y}$ 与真实标签 y 之间的差异，并作为优化过程的目标函数。通过最小化损失函数，深度学习调整网络参数以提高预测的准确性。

损失函数大致分为两类：回归损失（针对连续型变量）和分类损失（针对离散型变量）。常用的减少损失函数的优化算法是梯度下降算法。

回归损失函数有均方误差损失（Mean Squared Error Loss）函数和平均绝对误差损失（Mean Absolute Error Loss）函数等；分类损失函数有交叉熵损失（Cross Entropy Loss）函数和二元交叉损失函数等。

本节主要介绍两种回归损失函数。

（1）均方误差损失函数

均方误差（Mean Squared Error，MSE）损失是机器学习、深度学习回归任务中最常用的一种损失函数，如式（9.6）所示。

$$J_{MSE} = \frac{1}{N}\sum_{i=1}^{N}(y_i - \hat{y}_i)^2 \tag{9.6}$$

MSE 损失函数又称为 L2 损失函数。

（2）平均绝对误差损失函数

平均绝对误差（Mean Absolute Error，MAE）损失是另一类常用的损失函数，如式（9.7）所示。

$$J_{MAE} = \frac{1}{N}\sum_{i=1}^{N}|y_i - \hat{y}_i| \tag{9.7}$$

MAE 损失函数又称为 L1 损失函数。

MSE 比 MAE 收敛速度快：当利用梯度下降算法时，MSE 损失梯度为 $-\hat{y}_i$，而 MAE

损失梯度为±1,因此,MSE 的梯度会随着误差大小发生变化,而 MAE 的梯度一直保持为 1,这不利于模型的训练。

MAE 对异常点的检测鲁棒性较高:由损失函数公式可以看出,MSE 对误差进行平方化处理,使异常点的误差过大。

9.2.4 模型评估指标

在深度学习模型的评估中,选择适当的评估指标至关重要。

本节简要介绍五种常用的评估指标。

(1) 准确率(Accuracy):衡量模型整体预测正确的比例。

(2) 精确率(Precision):针对特定类别的指标,反映模型预测该类别的准确性。

(3) 召回率(Recall):反映模型识别出所有实际为该类别的样本能力。

(4) F1 分数:精确率和召回率的调和平均数,适用于类别不平衡的情况。

(5) 均方误差(MSE)和均方根误差(RMSE):回归任务中常用的指标,量化预测值与实际值之间的差异。

习 题 九

1. 神经网络和深度学习有什么区别和联系?

2. 神经网络和深度学习的工作原理是什么?

3. 简述神经网络和深度学习的应用领域。

第 10 章

应 用 案 例

数字图像处理是电子信息类专业中一个重要的领域,它涉及图像获取、图像处理、图像分析和图像显示等方面。近年来,随着计算机技术的迅猛发展,数字图像处理在各个领域得到了广泛应用。本节将以 MATLAB 为工具,介绍数字图像处理在实际应用中的一些实例,并探讨其中的算法和原理。

10.1 传统图像处理算法应用案例

例 10.1 利用空域聚焦评价函数,对采集的 20 幅车床刀具图像序列(见图 10.1,模糊-清晰-模糊图像序列)进行建模分析并仿真,确定摄像机最佳聚焦位置。

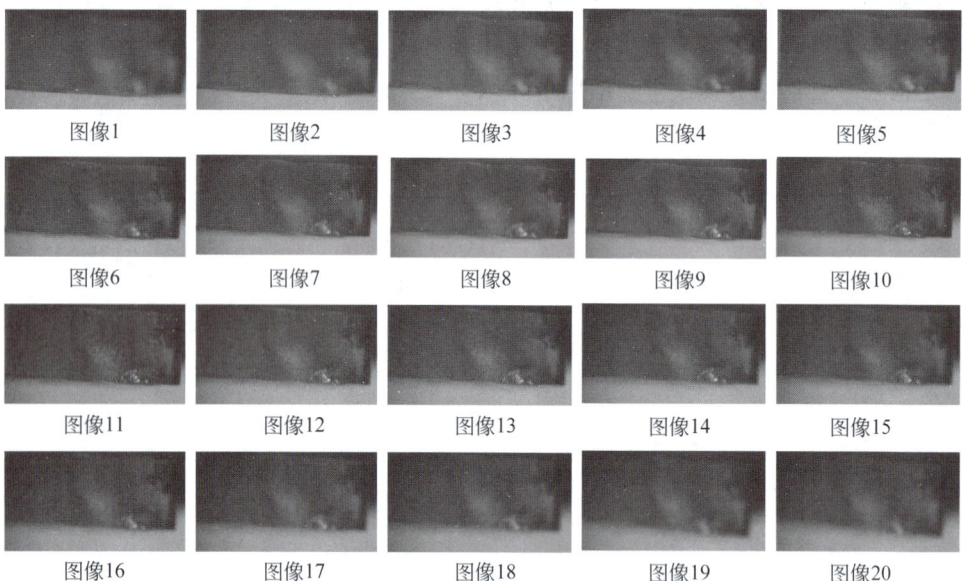

图像1	图像2	图像3	图像4	图像5
图像6	图像7	图像8	图像9	图像10
图像11	图像12	图像13	图像14	图像15
图像16	图像17	图像18	图像19	图像20

图 10.1 图像序列

【解】

(1) 理论基础。

空域常用聚焦评价函数如式(10.1)~式(10.10)所示。

Brenner 函数(Brenner):

$$F_{\text{Brenner}} = \sum_{i,j} \mid f(i,j) - f(i+2,j) \mid^2 \tag{10.1}$$

绝对梯度函数(SMD):

$$F_{\text{SMD}} = \sum_{i,j} \left[\mid f(i,j) - f(i,j-1) \mid + \mid f(i,j) - f(i-1,j) \mid \right] \tag{10.2}$$

平方梯度函数(EOG):

$$F_{\text{EOG}} = \sum_{i,j} \left[\mid f(i,j) - f(i,j-1) \mid^2 + \mid f(i,j) - f(i-1,j) \mid^2 \right] \tag{10.3}$$

Roberts 算子梯度函数(Roberts):

$$F_{\text{Roberts}} = \sum_{i,j} \left[\mid f(i,j) - f(i+1,j+1) \mid + \mid f(i+1,j) - f(i,j+1) \mid \right] \tag{10.4}$$

Sobel 算子梯度函数(Sobel):

$$F_{\text{Sobel}} = \sum_{i,j} \left[\mid F_x(i,j) \mid + \mid F_y(i,j) \mid \right] \tag{10.5}$$

式中,$F_x(i,j)$ 为 x 方向一阶 Sobel 算子差分;$F_y(i,j)$ 为 y 方向一阶 Sobel 算子差分。

Tenegrad 函数(Tenegrad):

$$F_{\text{Tenegrad}} = \sum_{i,j} \left[F_x^2(i,j) + F_y^2(i,j) \right] \tag{10.6}$$

Laplace 算子函数(Laplace):

$$F_{\text{Laplace}} = \sum_{i,j} \left[f(i-1,j) + f(i+1,j) + f(i,j-1) + f(i,j+1) - 4f(i,j) \right]^2 \tag{10.7}$$

SML 函数(SML):

$$F_{\text{SML}} = \sum_{i,j} \left[\mid 2f(i,j) - f(i-1,j) - f(i+1,j) \mid + \mid 2f(i,j) - f(i,j-1) - f(i,j+1) \mid \right]^2 \tag{10.8}$$

Vollath 函数(Vollath):

$$F_{\text{Vollath}} = \sum_{i,j} f(i,j) \mid f(i+1,j) - f(i+2,j) \mid \tag{10.9}$$

方差函数(Var):

$$F_{\text{Var}} = \sum_{i,j} \left[f(i,j) - \overline{f} \right]^2 \tag{10.10}$$

式中,$\overline{f}$ 为灰度均值。

为了比较上述聚焦评价函数的性能,同时为了验证聚焦评价函数的通用性,采集了刀具显微图像序列,共采集 20 幅模糊-清晰-模糊图像序列,如图 10.1 所示。

(2) 程序实现代码。

```
%彩色图像转换为灰度图像
l1=imread('image1.jpg');
g(:,:,1)=rgb2gray(l1);
l2=imread(' image2.jpg');
g(:,:,2)=rgb2gray(l2);
l3=imread(' image3.jpg');
```

```
g(:,:,3)=rgb2gray(13);
14=imread(' image4.jpg');
g(:,:,4)=rgb2gray(14);
15=imread(' image5.jpg');
g(:,:,5)=rgb2gray(15);
16=imread(' image6.jpg');
g(:,:,6)=rgb2gray(16);
17=imread(' image7.jpg');
g(:,:,7)=rgb2gray(17);
18=imread(' image8.jpg');
g(:,:,8)=rgb2gray(18);
19=imread(' image9.jpg');
g(:,:,9)=rgb2gray(19);
110=imread(' image10.jpg');
g(:,:,10)=rgb2gray(110);
111=imread(' image11.jpg');
g(:,:,11)=rgb2gray(111);
112=imread(' image12.jpg');
g(:,:,12)=rgb2gray(112);
113=imread(' image13.jpg');
g(:,:,13)=rgb2gray(113);
114=imread(' image14.jpg');
g(:,:,14)=rgb2gray(114);
115=imread(' image15.jpg');
g(:,:,15)=rgb2gray(115);
116=imread(' image16.jpg');
g(:,:,16)=rgb2gray(116);
117=imread(' image17.jpg');
g(:,:,17)=rgb2gray(117);
118=imread(' image18.jpg');
g(:,:,18)=rgb2gray(118);
119=imread(' image19.jpg');
g(:,:,19)=rgb2gray(119);
120=imread(' image20.jpg');
g(:,:,20)=rgb2gray(120);

g=g(400:700,800:1450,:);
g=double(g);
[a,b,tushu]=size(g);

    %Brenner 函数
brenner(tushu)=0;
for m=1:tushu
```

```
    for i=1:a-2
        for j=1:b
            zhongjian=abs(g(i,j,m)-g(i+2,j,m));
            brenner(m)=brenner(m)+zhongjian^2;
        end
    end
end
subplot(2,5,1)
x=1:tushu;
x1=1:0.2:tushu;
brenner=brenner./max(brenner);
y6=interp1(x,brenner,x1,'cubic');
plot(x,brenner,':o',x1,y6,'-.r')
xlabel('Brenner serial image')
ylabel('Brenner evaluation function')
title('Brenner')
axis([0 21 0 1])
grid on

%SMD 函数
huiduchafenjueduizhi(tushu)=0;
for m=1:tushu
    for i=2:a
        for j=2:b
            chuizhijueduizhi=abs(g(i,j,m)-g(i,j-1,m));
            shuipingjueduizhi=abs(g(i,j,m)-g(i-1,j,m));
            huiduchafenjueduizhi(m)=huiduchafenjueduizhi(m)
                    +chuizhijueduizhi...+shuipingjueduizhi;
        end
    end
end

huiduchafenjueduizhi=huiduchafenjueduizhi./max(huiduchafenjueduizhi);
y1=interp1(x,huiduchafenjueduizhi,x1,'cubic');
subplot(2,5,2)
plot(x,huiduchafenjueduizhi,':o',x1,y1,'-.r')
xlabel('SMD serial image')
ylabel('SMD evaluation function')
title('SMD')
axis([0 21 0 1])
grid on

%EOG 函数
```

```
eog(tushu)=0;
for m=1:tushu
    for i=2:a
        for j=2:b
            chuizhijueduizhi=abs(g(i,j,m)-g(i,j-1,m));
            shuipingjueduizhi=abs(g(i,j,m)-g(i-1,j,m));
            eog(m)=eog(m)+chuizhijueduizhi.^2+shuipingjueduizhi.^2;
        end
    end
end

x=1:tushu;
x1=1:0.2:tushu;
eog=eog./max(eog);
y1=interp1(x,eog,x1,'cubic');
subplot(2,5,3)
plot(x,eog,':o',x1,y1,'-.r')
xlabel('EOG serial image')
ylabel('EOG evaluation function')
title('EOG')
axis([0 21 0 1])
grid on

%Roberts 函数
robertchafen(tushu)=0;
for m=1:tushu
    for i=1:a-1
        for j=1:b-1
            chuizhijueduizhi=abs(g(i,j,m)-g(i+1,j+1,m));
            shuipingjueduizhi=abs(g(i+1,j,m)-g(i,j+1,m));
            robertchafen(m)=robertchafen(m)+chuizhijueduizhi
                            +shuipingjueduizhi;
        end
    end
end
subplot(2,5,4)
robertchafen=robertchafen./max(robertchafen);
y2=interp1(x,robertchafen,x1,'cubic');
plot(x,robertchafen,':o',x1,y2,'-.r')
xlabel('Roberts serial image')
ylabel('Roberts evaluation function')
title('Roberts')
axis([0 21 0 1])
```

```
    grid on

    %Sobel 函数
    hsobel=[1,2,1;0,0,0;-1,-2,-1];
    vsobel=[-1,0,1;-2,0,2;-1,0,1];
    sobelhanshu(tushu)=0;
    for m=1:tushu
        for i=2:a-1
            for j=2:b-1
                zhongjian=g(i-1:i+1,j-1:j+1,m);
                hbianyuan=abs(sum(sum(zhongjian.*hsobel)))/9;
                vbianyuan=abs(sum(sum(zhongjian.*vsobel)))/9;
                sobelhanshu(m)=sobelhanshu(m)+hbianyuan+vbianyuan;
            end
        end
    end
    subplot(2,5,5)
    sobelhanshu=sobelhanshu./max(sobelhanshu);
    y3=interp1(x,sobelhanshu,x1,'cubic');
    plot(x,sobelhanshu,':o',x1,y3,'-.r')
    xlabel('Sobel serial image')
    ylabel('Sobel evaluation function')
    title('Sobel')
    axis([0 21 0 1])
    grid on
    %Tenegrad 函数
    hsobel=[1,2,1;0,0,0;-1,-2,-1];
    vsobel=[-1,0,1;-2,0,2;-1,0,1];
    Tenegrad(tushu)=0;
    for m=1:tushu
        for i=2:a-1
            for j=2:b-1
                zhongjian=g(i-1:i+1,j-1:j+1,m);
                hbianyuan=(sum(sum(zhongjian.*hsobel)))/9;
                vbianyuan=(sum(sum(zhongjian.*vsobel)))/9;
                Tenegrad(m)=Tenegrad(m)+hbianyuan.^2+vbianyuan.^2;
            end
        end
    end
    subplot(2,5,6)
    Tenegrad=Tenegrad./max(Tenegrad);
    y3=interp1(x,Tenegrad,x1,'cubic');
    plot(x,Tenegrad,':o',x1,y3,'-.r')
```

```
xlabel('Tenegrad serial image')
ylabel('Tenegrad evaluation function')
title('Tenegrad')
axis([0 21 0 1])
grid on

%Laplace 函数
lapulasi(tushu)=0;
for m=1:tushu
    for i=2:a-1
        for j=2:b-1
            zhongjian=(g(i-1,j,m)+g(i+1,j,m)+g(i,j-1,m)+g(i,j+1,m)
                      -4*g(i,j,m))^2;
            lapulasi(m)=lapulasi(m)+zhongjian;
        end
    end
end
subplot(2,5,7)
lapulasi=lapulasi./max(lapulasi);
y4=interp1(x,lapulasi,x1,'cubic');
plot(x,lapulasi,':o',x1,y4,'-.r')
xlabel('Laplace serial image')
ylabel('Laplace evaluation function')
title('Laplace')
axis([0 21 0 1])
grid on

%SML 函数
sml(tushu)=0;
for m=1:tushu
    for i=2:a-1
        for j=2:b-1
            zhongjian1=abs(2*g(i,j,m)-g(i-1,j,m)-g(i+1,j,m));
            zhongjian2=abs(2*g(i,j,m)-g(i,j-1,m)-g(i,j+1,m));
            zhongjian=zhongjian1+zhongjian2;
            sml(m)=sml(m)+zhongjian^2;
        end
    end
end
subplot(2,5,8)
sml=sml./max(sml);
y5=interp1(x,sml,x1,'cubic');
plot(x,sml,':o',x1,y5,'-.r')
```

```matlab
xlabel('SML serial image')
ylabel('SML evaluation function')
title('SML')
axis([0 21 0 1])
grid on

%Vollath 函数
vollaths(tushu)=0;
for m=1:tushu
    for i=1:a-2
        for j=1:b
            zhongjian=abs(g(i+1,j,m)-g(i+2,j,m))*g(i,j,m);
            vollaths(m)=vollaths(m)+zhongjian;
        end
    end
end
subplot(2,5,9)
vollaths=vollaths./max(vollaths);
y7=interp1(x,vollaths,x1,'cubic');
plot(x,vollaths,':o',x1,y7,'-.r')
xlabel('Vollath serial image')
ylabel('Vollath evaluation function')
title('Vollath')
axis([0 21 0 1])
grid on

%Var 函数
fangcha(tushu)=0;
for m=1:tushu
    huidujunzhi=mean(mean(g(:,:,m)));
    for i=1:a
        for j=1:b
            zhongjian=(g(i,j,m)-huidujunzhi)^2;
            fangcha(m)=fangcha(m)+zhongjian;
        end
    end
end

subplot(2,5,10)
fangcha=fangcha./max(fangcha);
y8=interp1(x,fangcha,x1,'cubic');
plot(x,fangcha,':o',x1,y8,'-.r')
xlabel('Var serial image')
```

```
ylabel('Var evaluation function')
title('Var')
axis([0 21 0 1])
grid on
```

为了降低数据量及计算量,只取图像中间部分用于聚焦评价函数的计算,截取图像 $400\sim700$ 行, $800\sim1450$ 列子图像用于自动聚焦评价分析,即 $g=g(400{:}700, 800{:}1450,{:})$。

（3）运行结果。

程序运行结果如图 10.2 所示。

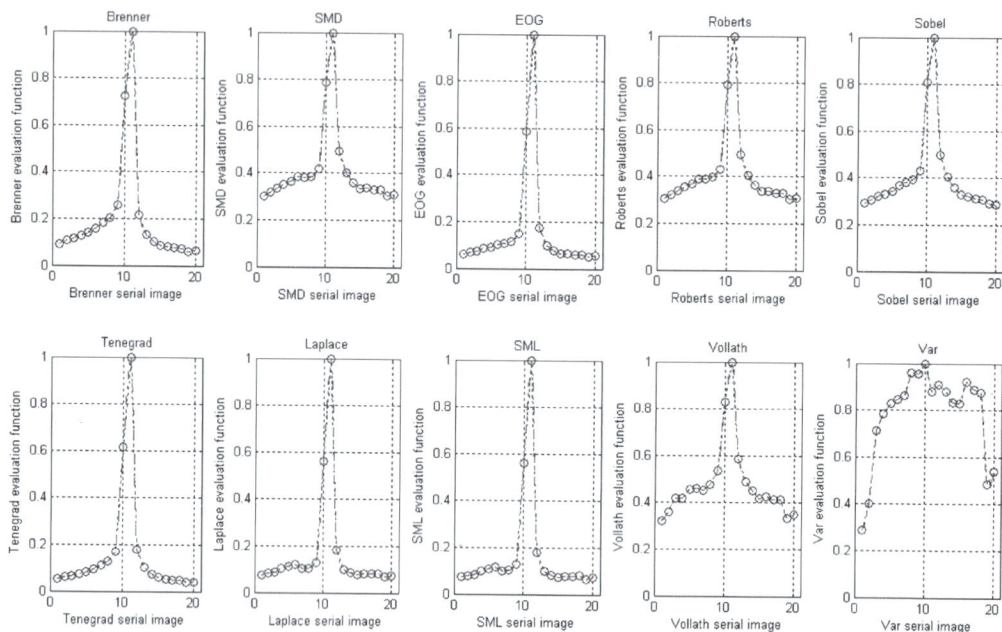

图 10.2 例 10.1 程序运行结果

对刀具图像序列进行了聚焦评价函数仿真的结果如图 10.2 所示,在仿真图中,横坐标为图像序列顺序编号,纵坐标为归一化后的各聚焦评价函数值,从 10 个聚焦评价函数仿真图可以得出,图像序列中,第 11 幅图像所在位置为最佳聚焦位置。

例 10.2 检测和测量 coloredChips.png 图像中的圆形物体,coloredChips.png 图像如图 10.3 所示。

【解】

（1）理论基础。

利用 Hough 变换检测圆形的原理请参考 6.6.1 节相关内容。

Hough 变换圆形检测示例展示了如何自动检测图像中的圆形对象,并将检测到的圆可视化。

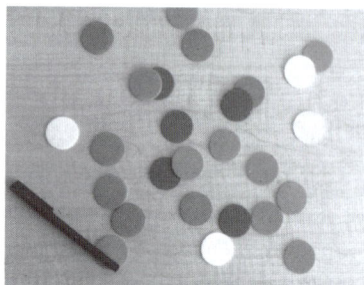

图 10.3   coloredChips.png 图像

步骤 1：加载图像。

不同颜色的圆形与背景的对比度不同，蓝色和红色圆形与背景有很强的对比，黄色圆形与背景的对比度较弱一些。

有些圆形是相互叠加的，有些圆形靠得很近，几乎相互接触。重叠的目标边界和目标遮挡通常是目标检测的挑战性场景。

步骤 2：确定搜索圆的半径范围。

利用绘图功能找到适当半径范围的圆，在圆形的大致直径上画一条线。

典型的圆形目标直径为 40～50 像素。

步骤 3：初步寻找圆形。

imfindcircles 函数搜索在一定半径范围内的圆。搜索半径为 20～25 像素的圆。在此之前，最好先确定目标物体比背景亮暗程度。

默认情况下，imfindcircles 会查找比背景更亮的圆形对象。因此，在 imfindcircles 中将参数 ObjectPolarity 设置为 dark 以搜索黑色圆形。

请注意输出中心和半径如果为空，这意味着没有找到圆。这种情况经常发生，因为 imfindcircles 是一个圆检测器，与大多数检测器类似，imfindcircles 有一个内部检测阈值来决定其灵敏度。简单地说，这意味着检测器对某个（圆）检测的置信度必须大于一定水平，才能被视为有效检测。

imfindcircles 有一个参数"灵敏度"，可用于控制这个内部阈值，从而控制算法的灵敏度。"灵敏度"值越高，检测阈值越低，检测到的圆形越多。

步骤 4：提高检测灵敏度。

圆形图像在默认灵敏度水平下，所有圆形都可能低于内部阈值，这就是为什么没有检测到圆形的原因。

默认情况下，"灵敏度"（0～1 的数字）设置为 0.85，将"灵敏度"提高到 0.9。

步骤 5：在图像上画圆形。

函数 viscircles 可用于在图像上绘制圆形。

imfindcircles 的输出中心和半径可以直接传递给 viscircles。

圆心如果定位正确，其相应的半径与实际圆形能很好地匹配，但仍然存在被遗漏的圆形，可以尝试将"灵敏度"提高到 0.92。

提高"灵敏度"可获得更多的圆形，再次在图像上绘制这些圆形。

（2）程序实现代码。

```
clear,clc,close all
%步骤1：加载图像
rgb = imread('coloredChips.png');
subplot(1,3,1)
imshow(rgb)
%步骤2：确定搜索圆的半径范围
d = drawline;
%此处需要画线
```

```
pos = d.Position;
diffPos = diff(pos);
diameter = hypot(diffPos(1),diffPos(2));
%步骤 3: 初步寻找圆形
gray_image = rgb2gray(rgb);
subplot(1,3,2)
imshow(gray_image)
[centers,radii] = imfindcircles(rgb,[20 25],'ObjectPolarity','dark');
%步骤 4: 提高检测灵敏度
[centers,radii] = imfindcircles(rgb,[20 25],'ObjectPolarity','dark', ...
    'Sensitivity',0.9);
%步骤 5: 在图像上画圆形
subplot(1,3,3)
imshow(rgb)
h = viscircles(centers,radii);
[centers,radii] = imfindcircles(rgb,[20 25],'ObjectPolarity',
                'dark', 'Sensitivity',0.92);
length(centers)
delete(h)                              %删除以前绘制的圆形
h = viscircles(centers,radii);
%Copyright 2012-2018 The MathWorks, Inc.
```

（3）运行结果。

程序运行结果如图 10.4 所示。

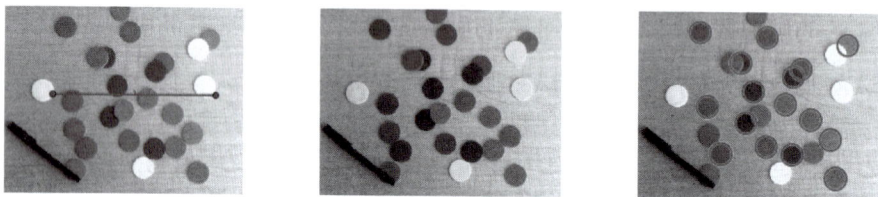

图 10.4　例 10.2 程序运行结果

例 10.3　在交通视频 traffic.mj2 中检测浅颜色的车辆。

【解】

（1）理论基础。

视频可以看作一帧一帧的图像的显示，即图像序列。

此示例利用图像处理工具箱来可视化和分析视频或图像序列。

步骤 1：利用 VideoReader 读取视频。

VideoReader 函数构造了一个多媒体阅读器对象，可以从多媒体文件中读取视频数据。VideoReader 具有特定于平台的功能，在某些平台上可能无法读取提供的 Motion JPEG2000 视频。

步骤 2：利用 implay 浏览视频。

步骤 3：设计浅色和深色汽车检测算法。

为了区分浅色和深色汽车，首先将视频中的帧图像转换为灰度图像，然后利用阈值分割技术将背景和目标物体区分开，灰度值高于阈值的为目标物体汽车，低于阈值的为背景，阈值处理技术请参考 6.3 节相关内容。

设图像为 $f(x,y)$，其灰度值范围为 $[Z_1, Z_k]$，在 Z_1 和 Z_k 之间以一定的准则在原始图像 $f(x,y)$ 中找出合适的灰度值作为阈值 t，则分割后的图像 $g(x,y)$ 如式（10.11）所示。

$$g(x,y) = \begin{cases} 1, & f(x,y) \geq t \\ 0, & f(x,y) < t \end{cases} \tag{10.11}$$

大于阈值 t 的为目标物体汽车，其余的都为背景。

处理后的图像中大多数深色汽车被移除，但许多其他无关物体仍然存在，尤其是车道标记。要删除这些对象，可以使用形态函数 imopen。此函数使用形态学处理技术从二值图像中删除小物体对象，同时保留大物体对象。

使用形态学处理技术时，必须注意操作中使用的结构元素的大小和形状，请参考第 7 章相关内容。

因为车道标线是细长的物体，所以利用半径与车道标线宽度相对应的盘形结构元素。可利用 implanty 中的像素区域工具来估计这些物体对象的宽度。对于此示例，将值设置为 2。

利用 regionprops 函数找到目标对象的质心（即浅色汽车的质心），根据此信息将标签定位在原始视频中的浅色汽车上。

步骤 4：将算法应用于视频。

汽车标签应用程序在循环中一次处理一帧视频。

步骤 5：可视化结果。

获取原始视频的帧率，并利用其在 implanty 中查看标记汽车（taggedCars）。

（2）程序实现代码。

```
%对视频进行车辆检测
%步骤 1：利用 VideoReader 读取视频
trafficVid = VideoReader('traffic.mj2')
%步骤 2：利用 implay 浏览视频
implay('traffic.mj2');
%步骤 3：设计浅色和深色汽车检测算法
darkCarValue = 50;
darkCar = rgb2gray(read(trafficVid,71));
noDarkCar = imextendedmax(darkCar, darkCarValue);
imshow(darkCar)
figure, imshow(noDarkCar)
```

```matlab
sedisk = strel('disk',2);
noSmallStructures = imopen(noDarkCar, sedisk);
imshow(noSmallStructures)
%步骤4：将算法应用于视频
nframes = trafficVid.NumberOfFrames;
I = read(trafficVid, 1);
taggedCars = zeros([size(I,1) size(I,2) 3 nframes], class(I));
for k = 1 : nframes
    singleFrame = read(trafficVid, k);
    %将图像转换为灰度图像,然后进行形态学处理
    I = rgb2gray(singleFrame);
    %将深色汽车排除
    noDarkCars = imextendedmax(I, darkCarValue);
    %排除车道标线和其他非上述结构元素的图形
    noSmallStructures = imopen(noDarkCars, sedisk);
    %排除小结构元素
    noSmallStructures = bwareaopen(noSmallStructures, 150);
    %获取每帧图像中其余目标物体(即排除深色汽车和车道标线等上述目标)的面积和质心
    %创建原始帧的副本,并通过将质心像素值更改为红色来标记汽车
    taggedCars(:,:,:,k) = singleFrame;
    stats = regionprops(noSmallStructures, {'Centroid','Area'});
    if ~isempty([stats.Area])
        areaArray = [stats.Area];
        [junk,idx] = max(areaArray);
        c = stats(idx).Centroid;
        c = floor(fliplr(c));
        width = 2;
        row = c(1)-width:c(1)+width;
        col = c(2)-width:c(2)+width;
        taggedCars(row,col,1,k) = 255;
        taggedCars(row,col,2,k) = 0;
        taggedCars(row,col,3,k) = 0;
    end
end
%步骤5：可视化结果
%获取原始视频的帧率,并利用其在implanty中查看标记汽车(taggedCars)
frameRate = trafficVid.FrameRate;
implay(taggedCars,frameRate);
%Copyright 2007-2018 The MathWorks, Inc.
```

（3）运行结果。

程序运行结果如图10.5所示。

(a) 灰度图像   (b) 浅色汽车二值图像

(c) 浅色汽车标记   (d) 深色汽车未标记

图 10.5 例 10.3 程序运行结果

例 10.4 对 MATLAB 示例真彩色图像 lowlight_1.jpg 利用线性变换、直方图均衡化、自适应直方图均衡化进行图像增强处理。

【解】

(1) 理论基础。

彩色图像的对比度增强通常是将图像转换为具有亮度成分的颜色空间来实现,例如将 RGB 颜色空间转换为 Lab 颜色空间,然后仅对 Lab 颜色空间的 L 分量进行线性变换,进而再转换到 RGB 颜色空间显示图像增强后的图像。

Lab 颜色空间是一种在人眼感知上更均匀的颜色模型。Lab 颜色空间的每个颜色是由 L(亮度)、a(表示由红至绿的色度)颜色和 b(表示由黄至蓝的色度)颜色三个通道组成的。L 的值域为 $[0,100]$,由纯黑到纯白;a 表示由绿色到红色光谱的变化,为负值表示绿色,为正值表示红色;b 为蓝色到黄色的光谱变化,为正值为暖色,为负值为冷色。当颜色的 a 值和 b 值增大时,颜色点远离中心,颜色的饱和度增大。

RGB 颜色空间转换到 Lab 颜色空间的步骤如下。

① 将 RGB 值中每个通道值除以 255,即将其数值归一化,如式(10.12)所示。

$$\begin{cases} R'=R/255 \\ G'=G/255 \\ B'=B/255 \end{cases} \tag{10.12}$$

② 将每个通道值进行校准,如式(10.13)所示。

$$\begin{cases} R''=((R'+0.055)/1.055)^{2.4}, & R'>0.040\ 45 \\ R''=R'/12.92, & R'\leqslant 0.040\ 45 \\ G''=((G'+0.055)/1.055)^{2.4}, & G'>0.040\ 45 \\ G''=G'/12.92, & G'\leqslant 0.040\ 45 \\ B''=((B'+0.055)/1.055)^{2.4}, & B'>0.040\ 45 \\ B''=B'/12.92, & B'\leqslant 0.040\ 45 \end{cases} \tag{10.13}$$

③ 将 RGB 颜色空间先转换到 XYZ 空间，如式(10.14)和式(10.15)所示。

$$\begin{bmatrix} X \\ Y \\ Z \end{bmatrix} = \begin{bmatrix} 0.412\ 453 & 0.357\ 580 & 0.180\ 423 \\ 0.212\ 671 & 0.715\ 160 & 0.072\ 169 \\ 0.019\ 334 & 0.119\ 193 & 0.950\ 227 \end{bmatrix} \times \begin{bmatrix} R'' \\ G'' \\ B'' \end{bmatrix} \tag{10.14}$$

$$\begin{cases} X = X/0.950\ 456 \\ Y = Y/1 \\ Z = Z/1.088\ 754 \end{cases} \tag{10.15}$$

④ 从 XYZ 空间转换到 Lab 颜色空间，如式(10.16)所示。

$$\begin{cases} L = 116f(Y) - 16 \\ a = 500(f(X) - f(Y)) \\ b = 200(f(Y) - f(Z)) \end{cases} \tag{10.16}$$

式中，f 函数如式(10.17)所示。

$$f(t) = \begin{cases} t^{1/3}, & t > (6/29)^3 \\ 1/3 \times (29/6)^2 t, & t \leqslant (6/29)^3 \end{cases} \tag{10.17}$$

对 Lab 颜色空间的 L 分量进行线性变换，可参考 4.2.1 节相关内容。

直方图均衡化处理可参考 4.2.1 节相关内容，直方图均衡化是对整个图像进行增强处理。

自适应直方图均衡化是将图像分为区域块，分别对图像区域块进行增强处理，每个输出区域块的直方图与指定的直方图近似匹配，这种方法可以降低图像中噪声的增强。

（2）程序实现代码。

```
%对图像亮度进行处理,会改变像素的强度,同时保留原始颜色
%读取图像,将图像从 RGB 颜色空间转换到 Lab 颜色空间
clear,clc,close all
shadow = imread("lowlight_1.jpg");
shadow_lab = rgb2lab(shadow);
%L 值的范围为 0~100,将 L 值归一化
max_luminosity = 100;
L = shadow_lab(:,:,1)/max_luminosity;
%在 L 通道上进行三种对比度调整,并保持 a 和 b 通道不变
%将图像转换为 RBG 颜色空间
shadow_imadjust = shadow_lab;
shadow_imadjust(:,:,1) = imadjust(L) * max_luminosity;
shadow_imadjust = lab2rgb(shadow_imadjust);

shadow_histeq = shadow_lab;
shadow_histeq(:,:,1) = histeq(L) * max_luminosity;
shadow_histeq = lab2rgb(shadow_histeq);

shadow_adapthisteq = shadow_lab;
```

```
shadow_adapthisteq(:,:,1) = adapthisteq(L) * max_luminosity;
shadow_adapthisteq = lab2rgb(shadow_adapthisteq);
% 显示原始图像与三种方法增强后的图像
subplot(2,2,1),imshow(shadow),title('Original Image')
subplot(2,2,2),imshow(shadow_imadjust),title('Imadjust Image')
subplot(2,2,3),imshow(shadow_histeq),title('Histeq Image')
subplot(2,2,4),imshow(shadow_adapthisteq),title('Adapthisteq Image')
```

（3）运行结果。

程序运行结果如图 10.6 所示。

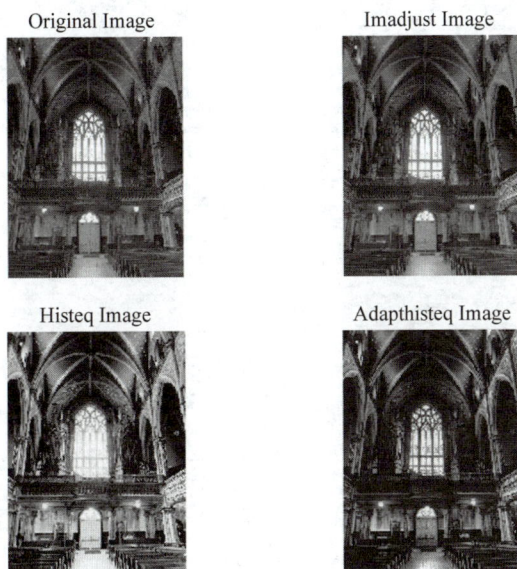

图 10.6 例 10.4 程序运行结果

例 10.5 利用颜色值对花生进行质量检测，对 92 幅花生图像进行霉变检测，部分花生图像示例如图 10.7 所示。

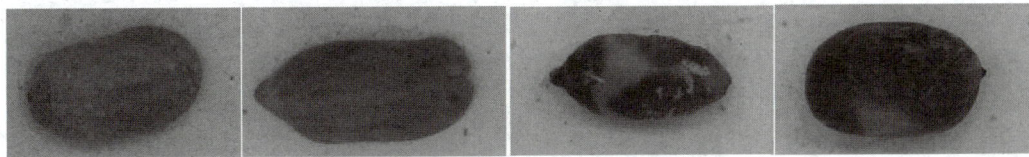

图 10.7 部分花生图像示例

【解】

（1）理论基础。

正常花生颜色与霉变花生颜色是不同的，因此本示例基于最基本的方法对花生像素颜色进行判别，将花生从彩色图像转换为灰度图像后，判断颜色值小于 80 的为霉变可能像素（有些可能是颜色深，而并非霉变，因此称为霉变可能像素），颜色值为 80～150 的为非霉变像素，进而判断霉变可能像素占花生图像总像素的百分比，如果大于 5%，则认为是霉变花生。

该图像处理算法能够达到人眼识别程度，几乎能完全剔除发霉变黑的花生；但是对发霉长毛的花生处理效果不佳，总体上准确率可达 95%。

（2）程序实现代码。

```matlab
clear,clc,close all
%设置文件夹路径
folderPath = 'C:\Users\huawei\Documents\MATLAB\huasheng\shiyan';
%获取文件夹中所有图像文件的列表
imageFiles = dir(fullfile(folderPath, '* .jpg'));
%这里假设图像是 JPG 格式的,如果不是,请修改相应的文件扩展名
%循环处理每张图像
for N = 1:numel(imageFiles)
    %读取图像
    imagePath = fullfile(folderPath, imageFiles(N).name);
    huasheng = imread(imagePath);
    %进行图像处理操作
    huasheng_gray = rgb2gray(huasheng);
    %把花生从彩色图像变为灰度图像
    [H,W]=size(huasheng_gray);
    %提取图像的长宽
    result=uint8(zeros(H,W,3));
    %生成一幅和原始图像同大小的彩色空白图像
    num_bad = 0;                                %花生霉变的像素个数初始值
    num_good = 0;                               %花生没有霉变的像素个数初始值
    num_all = H.* W;                            %整张图像的像素个数初始值
    for i=1:H
        for j=1:W                               %遍历所有的像素
            if (huasheng_gray(i,j)<80)
                %如果这个像素是发霉的
                num_bad = num_bad + 1;
                %坏的像素总数加一
                result(i,j,1) = 255;
                %发霉的部分变为全红
            else if(huasheng_gray(i,j)>80) &&(huasheng_gray(i,j)<150)
                    %这个像素属于好花生的筛选条件
                    num_good = num_good + 1;
                    %好的像素数加一
                    result(i,j,2) = 255;
                    %好的部分变为全绿
                else
                    result(i,j,1)=255;
                    result(i,j,2)=255;
                    result(i,j,3)=255;          %三个通道相加让背景变为白色
```

```
            end
        end
    end
    %disp('该花生里面霉变的面积比例是:')
    S = (num_bad/(num_bad+num_good));
    disp('现在测试的花生样本序号是:')
    N
    disp('判断结果是:')
    if (S > 0.05 )                                %发霉比例的筛选条件
        disp('这个花生发霉了。')
    else
        disp('这个花生没有发霉。')
    end
    disp('-----------')
    %处理完毕后可以选择是否保存图像,如果不需要保存,可以注释掉下面这行
    %imwrite(processedImage, [imageFiles(i).name, '_processed.jpg']);
end
```

(3) 运行结果。

程序运行结果如图 10.8 所示。

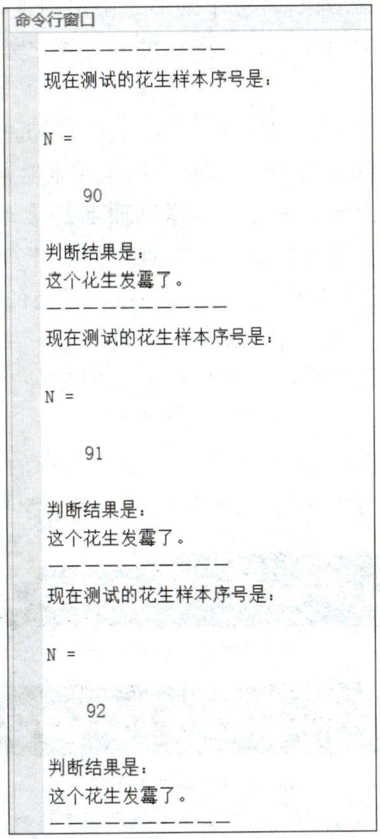

```
命令行窗口
-----------
现在测试的花生样本序号是:

N =

    90

判断结果是:
这个花生发霉了。
-----------
现在测试的花生样本序号是:

N =

    91

判断结果是:
这个花生发霉了。
-----------
现在测试的花生样本序号是:

N =

    92

判断结果是:
这个花生发霉了。
-----------
```

图 10.8 例 10.5 程序运行结果

例 10.6　图 10.9 为电器铭牌（文件名称为 zimu5.png），利用模板匹配技术，编写程序实现电器铭牌字符识别。

图 10.9　电器铭牌示例

【解】

（1）理论基础。

电器铭牌自动检测识别系统主要包含图像采集、图像预处理、字符分割，以及字符识别四部分，如图 10.10 所示。

图 10.10　电器铭牌自动检测识别系统

金属铭牌由于具有光强反射特性，在图像采集时经常会因反光得到光照不均匀的图片，在图像二值化处理时，将无法得到清晰完整的字符，因此，在对图像进行二值化处理前，必须先对图像进行预处理，进而后续经过二值化处理的图像结构将完整清晰。

为了得到光照均匀的数据图像，将应用到形态学中的顶帽变换对灰度图像进行处理。

顶帽变换可以定义为原始图像与原始图像的开运算之差。

具体步骤如下：

① 首先选择合适的结构元素 S 对图像 f 进行灰度开运算，记为 $d = f \circ S$。

② 一般选择球形的结构元素。使用球形的结构元素对灰度图像进行开运算，相当于把球形结构元素放在灰度曲面的下方并进行紧贴曲面的滚动运动，当球形运动遍历整个曲面后结束，此时，球形结构元素所达到的最高点将构成开运算结果图像 d 的曲面。

③ 原始图像 f 减去开运算所得图像 d，得到顶帽变换的图像 h，如式（10.18）所示。

$$h = f - d = f - (f \circ S) \tag{10.18}$$

对预处理后的图像利用最大类间方差法（Otsu）对图像进行二值化处理，最大类间方差法请参考 6.3.1 节相关内容。

图 10.11 是电器铭牌未经过顶帽处理与经过顶帽处理的二值化后对比图像。经过顶帽变换后的图像的灰度值分布较均匀，二值化后的图像是字符分割的较理想图像。

(a) 未经顶帽处理图像

(b) 经过顶帽处理图像

图 10.11　电器铭牌顶帽处理示意图

　　下一步对经过二值化处理后的图像进行字符识别。由于字母、数字不如汉字的结构复杂,因此模板匹配方法是字符识别分类有效而简单的方法。

　　其理论基础在于衡量待识别字符与给出的已知模板间的相似程度,与模板相似性最大时,即可以用此模板值为输出值。

　　计算待识别的字符与模板中字符的相关值,与模板中相关性最大的字符即为识别结果值。

　　(2) 程序实现代码。

```
%创建模板
A=imread('letters_numbers\A.bmp');B=imread('letters_numbers\B.bmp');
C=imread('letters_numbers\C.bmp');D=imread('letters_numbers\D.bmp');
E=imread('letters_numbers\E.bmp');F=imread('letters_numbers\F.bmp');
G=imread('letters_numbers\G.bmp');H=imread('letters_numbers\H.bmp');
I=imread('letters_numbers\I.bmp');J=imread('letters_numbers\J.bmp');
K=imread('letters_numbers\K.bmp');L=imread('letters_numbers\L.bmp');
M=imread('letters_numbers\M.bmp');N=imread('letters_numbers\N.bmp');
O=imread('letters_numbers\O.bmp');P=imread('letters_numbers\P.bmp');
Q=imread('letters_numbers\Q.bmp');R=imread('letters_numbers\R.bmp');
S=imread('letters_numbers\S.bmp');T=imread('letters_numbers\T.bmp');
U=imread('letters_numbers\U.bmp');V=imread('letters_numbers\V.bmp');
W=imread('letters_numbers\W.bmp');X=imread('letters_numbers\X.bmp');
Y=imread('letters_numbers\Y.bmp');Z=imread('letters_numbers\Z.bmp');

one=imread('letters_numbers\1.bmp');
two=imread('letters_numbers\2.bmp');
three=imread('letters_numbers\3.bmp');
four=imread('letters_numbers\4.bmp');
five=imread('letters_numbers\5.bmp');
six=imread('letters_numbers\6.bmp');
seven=imread('letters_numbers\7.bmp');
eight=imread('letters_numbers\8.bmp');
nine=imread('letters_numbers\9.bmp');
zero=imread('letters_numbers\0.bmp');
%*-*-*-*-*-*-*-*-*-*-*-*-
letter=[A B C D E F G H I J K L M...
    N O P Q R S T U V W X Y Z];
number=[one two three four five...
    six seven eight nine zero];
character=[letter number];
templates=mat2cell(character,42,[24 24 24 24 24 24 24...
    24 24 24 24 24 24 24...
    24 24 24 24 24 24 24...
```

```
    24 24 24 24 24 24 24 ...
    24 24 24 24 24 24 24 24]);
save ('templates','templates')
clear all

%字符识别
clc, close all, clear all
imagen=imread('zimu5.png');
imshow(imagen);title('输入图像')
%RGB 图像转换为灰度图像
imagen_gray=rgb2gray(imagen);
figure;imshow(imagen_gray);title('灰度图像');
se=strel('disk',19);
imagen_hat=imtophat(imcomplement(imagen),se);
figure;imshow(imagen_hat);title('顶帽法处理后的图像');

%灰度图像转换为二值图像
threshold = graythresh(imagen_hat);
imagen_bw=im2bw(imagen_hat,threshold);
figure;imshow(imagen_bw);title('二值化图像');

imagen = bwareaopen(imagen_bw,150);
figure;imshow(imagen);title('去除噪声点的图像');

%将图像存储为矩阵
word=[ ];
re=imagen;
%打开 text.txt 作为写入文件
fid = fopen('text.txt', 'wt');
%加载模板
load templates
global templates
%计算模板文件中的字符数
num_letras=size(templates,2);
while 1
    %函数文件 lines 将分隔文本
    [fl re]=lines(re);
    imgn=fl;

    %标记并计数连通区域
    [L Ne] = bwlabel(imgn,8);

    for n=1:Ne
```

```matlab
        [r,c] = find(L==n);
        %提取字符
        n1=imgn(min(r):max(r),min(c):max(c));
        %调整字符尺寸,与模板中尺寸一致
        img_r=imresize(n1,[42 24]);

        %调用函数,将图像转换为文本
        letter=read_letter(img_r,num_letras);
        %字符连接
        word=[word letter];
    end
    fprintf(fid,'%s\n',word);%Write 'word' in text file (upper)
    word=[ ];
    if isempty(re)                          %查看变量're'是否为空
        break
    end
end
fclose(fid);
winopen('text.txt')


function [fl re]=lines(im_texto)
%将文本分割成行
num_filas=size(im_texto,1);
for s=1:num_filas
    if sum(im_texto(s,:))==0
        nm=im_texto(1:s-1, :); %First line matrix
        rm=im_texto(s:end, :);%Remain line matrix
        fl = clip(nm);
        re=clip(rm);
        figure;
        subplot(2,1,1);imshow(fl);title('jjjjjjjjjjjjj');
        subplot(2,1,2);imshow(re);title('hhhhhhhhhhhhh');
        break
    else
        fl=im_texto; %只有一行
        re=[ ];
    end
end


function img_out=clip(img_in)
[f c]=find(img_in);
img_out=img_in(min(f):max(f),min(c):max(c));%Crops image
```

```matlab
function letter=read_letter(imagn,num_letras)
%计算模板与输入图像的相关性
%输出是一个包含字符的字符串
%'imagn'的尺寸为 42×24 (单位:像素)
global templates
comp=[ ];
for n=1:num_letras
    sem=corr2(templates{1,n},imagn);
    comp=[comp sem];
end
vd=find(comp==max(comp));
% *-*-*-*-*-*-*-*-*-*-*-*-
if vd==1
    letter='A';
elseif vd==2
    letter='B';
elseif vd==3
    letter='C';
elseif vd==4
    letter='D';
elseif vd==5
    letter='E';
elseif vd==6
    letter='F';
elseif vd==7
    letter='G';
elseif vd==8
    letter='H';
elseif vd==9
    letter='I';
elseif vd==10
    letter='J';
elseif vd==11
    letter='K';
elseif vd==12
    letter='L';
elseif vd==13
    letter='M';
elseif vd==14
    letter='N';
elseif vd==15
    letter='O';
elseif vd==16
```

```
       letter='P';
elseif vd==17
       letter='Q';
elseif vd==18
       letter='R';
elseif vd==19
       letter='S';
elseif vd==20
       letter='T';
elseif vd==21
       letter='U';
elseif vd==22
       letter='V';
elseif vd==23
       letter='W';
elseif vd==24
       letter='X';
elseif vd==25
       letter='Y';
elseif vd==26
       letter='Z';
       % * - * - * - * - *
elseif vd==27
       letter='1';
elseif vd==28
       letter='2';
elseif vd==29
       letter='3';
elseif vd==30
       letter='4';
elseif vd==31
       letter='5';
elseif vd==32
       letter='6';
elseif vd==33
       letter='7';
elseif vd==34
       letter='8';
elseif vd==35
       letter='9';
else
       letter='0';
end
```

（3）运行结果。

程序运行结果如图 10.12 所示。

输入图像

灰度图像

顶帽法处理后的图像

二值化图像

去除噪声点的图像

图 10.12　例 10.6 程序运行结果

例 10.7　图 10.13 为受损电缆图像，请编写程序测量受损区域的几何尺寸。

【解】

（1）理论基础。

① 电缆图像灰度化处理。

将彩色图像转换为灰度图像。彩色图像的颜色由 R、G、B 三个分量来决定，R、G、B 值不完全相同时，像素表现为彩色信息，因此彩色图像每像素占用 3 字节。灰度图像中的三个分量相等，因此用 1 字节表示灰度图像即可。

彩色图像转换为灰度图像有三种方法：最大值法、平均值法

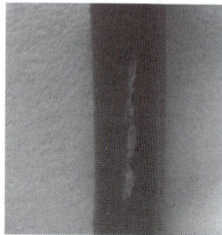

图 10.13　受损电缆图像

和加权平均值法。

本例利用加权平均值法，如式(10.21)所示。

$$R = G = B = 0.299R + 0.587G + 0.114B \tag{10.19}$$

② 电缆图像去噪。

本例题中，利用均值滤波器对电缆图像进行去噪处理。

均值滤波的主要思想为邻域平均法，是对模块对应部分的图像区域中的每个像素的灰度值进行相加后来求平均值，让其代替与模板相对应的图像区域的中心点的灰度值。均值滤波由于将得到的均值代替了中心元素，缩小了像素值之间的差距。

本例采用 5×5 均值处理模板，如图 10.14 所示。

③ 电缆图像去除背景。

$$\begin{bmatrix} 1 & 1 & 1 & 1 & 1 \\ 1 & 1 & 1 & 1 & 1 \\ 1 & 1 & 1 & 1 & 1 \\ 1 & 1 & 1 & 1 & 1 \\ 1 & 1 & 1 & 1 & 1 \end{bmatrix}$$

图 10.14　5×5 均值处理模板

被测图像中除了目标物体外，大多还存在无关的背景，在对电缆的质量进行检测时，电缆图像中会有大部分区域都是背景，因此需要将背景从电缆图像中分离出去后再进行处理，减少不相干的信息，只对需要的信息进行处理还可以减少运算时间。

由于此次拍摄电缆图像时的背景比较简单，拍摄环境也比较昏暗，背景和电缆之间的灰度值差别比较明显，所以可以通过实验选取一个合适的阈值进行二值化处理，转换为黑白二值图像，令电缆为 1，背景部分为 0，删除为 0 的部分，只保留为 1 的部分。在实际背景分割时，由于电缆不可能边界十分笔直，所以并不会将背景完美地分割掉，仍然保留着小部分背景区域，得到的结果中目标物体电缆占据绝大部分图像。

④ 电缆受损区域的定位。

对去除背景后得到的电缆图像受损区域定位，让其为只有黑白两种颜色的二值图像，令图像中电缆受损的区域在视觉上表现为白色，其余区域表现为黑色，其过程涉及阈值的选取。

假如选择的阈值过小，会看到电缆受损区域的面积变大，电缆受损区域中包含了部分电缆及小部分背景区域；而如果选择的阈值过大，将会看到电缆受损区域面积减少，有一部分的受损区域与电缆区域融合，因此阈值的正确选取是非常重要的。本例选择最常用的最大类间方差法进行阈值的选取与二值化处理，该部分内容请参考 6.3.1 节相关内容。

⑤ 电缆受损区域的完善。

上面电缆受损区域只是进行了定位，其受损区域的具体边界并不能精准划分，故通过形态学中的膨胀运算对受损区域进行扩张，使所得受损区域尽量包含缺陷部分。

利用结构元素 S 对电缆图像 A 进行膨胀操作，记作 $A \oplus S$，其表达式如式(10.20)所示。

$$A \oplus S = \{z \mid (\hat{S})_z \bigcap A \neq \varnothing\} \tag{10.20}$$

本例题选择了半径为 10 个像素的圆作为结构元素。

⑥ 电缆受损区域的标记与测量。

通过 bwlabel 函数可以得到连通区域的类别标签，再判断标签区域是否在填充范围内，对连通区域中的标签区域通过 bwboundaries 函数对电缆受损区域进行标记，是在原始图像中通过红色的线来标记被识别到的电缆受损区域。

　　通过 MATLAB 自带的面积公式求出该连通区域的面积，即电缆受损区域的面积，然后利用 boundingbox 函数用最小矩形框标注电缆受损的部分，在 boundingbox(a b c d)中存放着矩形框左上角点的坐标(a,b)以及矩形框的长 c 和宽 d，利用矩形框的长和宽所占像素的数目来表示缺陷部位长度和宽度。

　　（2）程序实现代码。

```
function varargout = main(varargin)
gui_Singleton = 1;
gui_State = struct('gui_Name',        mfilename, ...
                   'gui_Singleton',  gui_Singleton, ...
                   'gui_OpeningFcn', @main_OpeningFcn, ...
                   'gui_OutputFcn',  @main_OutputFcn, ...
                   'gui_LayoutFcn',  [] , ...
                   'gui_Callback',   []);
if nargin && ischar(varargin{1})
    gui_State.gui_Callback = str2func(varargin{1});
end

if nargout
    [varargout{1:nargout}] = gui_mainfcn(gui_State, varargin{:});
else
    gui_mainfcn(gui_State, varargin{:});
end

function main_OpeningFcn(hObject, eventdata, handles, varargin)
handles.output = hObject;

set(handles.pushbutton2,'enable','off');
set(handles.pushbutton3,'enable','off');
set(handles.pushbutton4,'enable','off');
set(handles.pushbutton5,'enable','off');
set(handles.pushbutton6,'enable','off');
set(handles.pushbutton7,'enable','off');
set(handles.pushbutton8,'enable','off');
set(handles.pushbutton9,'enable','off');

guidata(hObject, handles);


function varargout = main_OutputFcn(hObject, eventdata, handles)
varargout{1} = handles.output;
```

```
function pushbutton1_Callback(hObject, eventdata, handles)
%选择要检测的图像
[filename,pathname]=uigetfile({'*.jpg';'*.bmp';'*.tif';'*.*'},'载入图
像');
if isequal(filename,0)|isequal(pathname,0)
    errordlg('没有选中文件','出错');
    return;
else
    file=[pathname,filename];
end
global Image
Image = imread(file);
axes(handles.axes1);
imshow(Image);                                 %在第一个图像显示
set(handles.pushbutton2,'enable','on');        %让下一个按钮处于可单击的状态
function pushbutton2_Callback(hObject, eventdata, handles)
global Image grayimg
%加权平均值灰度化：0.299 R + 0.587 G + 0.114 B
grayimg = rgb2gray(Image);
axes(handles.axes2);
imshow(grayimg);                               %在第二个图像显示
set(handles.pushbutton3,'enable','on');


function axes1_CreateFcn(hObject, eventdata, handles)
%hObject:axes1 的句柄
%eventdata:保留参数,避免未来版本更新时导致代码不兼容
%handles:空,在调用所有 CreateFcn 之前不会创建句柄
%提示:将初始化坐标轴 axes1 的代码放置在 OpeningFcn 函数中


%在对象创建过程中执行,且在设置完所有属性后触发
function pushbutton2_CreateFcn(hObject, eventdata, handles)
%hObject:pushbutton2 的句柄
%eventdata:保留参数,避免未来版本更新时导致代码不兼容
%handles:空,在调用所有 CreateFcn 之前不会创建句柄


%当按下按钮 pushbutton3 时执行
function pushbutton3_Callback(hObject, eventdata, handles)
%hObject:pushbutton3 的句柄
%eventdata:保留参数,避免未来版本更新时导致代码不兼容
%handles:存储控件句柄和用户数据的结构体
global grayimg img1
w1=fspecial('average',[5 5]);
img1=imfilter(grayimg,w1,'replicate');         %进行 5×5 的均值滤波
```

```
axes(handles.axes3);
imshow(img1);
set(handles.pushbutton4,'enable','on');


%当按下按钮 pushbutton4 时执行
function pushbutton4_Callback(hObject, eventdata, handles)
%hObject:pushbutton4 的句柄
%eventdata:保留参数,避免未来版本更新时导致代码不兼容
%handles:存储控件句柄和用户数据的结构体
global img1 grayimg I2 grayimg1 l r
%除去背景区域
BW = im2bw(img1,0.35);                          %二值化,背景部分为 1,电缆部分为 0
%找出背景和边界分界点的坐标
BW = 1-BW;
grayimg1 = double(grayimg);
grayimg1 = grayimg1.*BW;
grayimg1 = uint8(grayimg1);
[m1,n1]=find(grayimg1~=0);
l = min(n1);
r = max(n1);
%一直到这里
[m,n]=size(grayimg);
I2 = imcrop(img1,[l 1 r-l m]);                   %裁剪图像
axes(handles.axes4);
imshow(I2);
set(handles.pushbutton5,'enable','on');
%在对象创建过程中执行,且在设置完所有属性后触发
function pushbutton4_CreateFcn(hObject, eventdata, handles)
%hObject:pushbutton4 的句柄
%eventdata:保留参数,避免未来版本更新时导致代码不兼容
%handles:空,在调用所有 CreateFcn 之前不会创建句柄


%当按下按钮 pushbutton5 时执行
function pushbutton5_Callback(hObject, eventdata, handles)
%hObject:pushbutton5 的句柄
%eventdata:保留参数,避免未来版本更新时导致代码不兼容
%handles:存储控件句柄和用户数据的结构体
global I2 I2BW
I2BW = im2bw(I2,0.3);                            %图像二值化
axes(handles.axes1);
imshow(I2BW);
set(handles.pushbutton6,'enable','on');
%当按下按钮 pushbutton6 时执行
```

```
function pushbutton6_Callback(hObject, eventdata, handles)
%hObject:pushbutton6 的句柄
%eventdata:保留参数,避免未来版本更新时导致代码不兼容
%handles:存储控件句柄和用户数据的结构体
global I2BW
se1 = strel('disk',10);
I2BW = imdilate(I2BW,se1);                %图像膨胀,使未连通的区域连接起来
axes(handles.axes2);
imshow(I2BW);
set(handles.pushbutton7,'enable','on');


%当按下按钮 pushbutton7 时执行
function pushbutton7_Callback(hObject, eventdata, handles)
%hObject:pushbutton7 的句柄
%eventdata:保留参数,避免未来版本更新时导致代码不兼容
%handles:存储控件句柄和用户数据的结构体
global BW1 I2BW
BW1 = edge(I2BW,'sobel');                 %边缘检测
axes(handles.axes3);
imshow(BW1);
set(handles.pushbutton8,'enable','on');
%当按下按钮 pushbutton8 时执行
function pushbutton8_Callback(hObject, eventdata, handles)
%hObject:pushbutton8 的句柄
%eventdata:保留参数,避免未来版本更新时导致代码不兼容
%handles:存储控件句柄和用户数据的结构体


global BW1 grayimg Image grayimg1 l r area1 c1 k1
%缺陷检测
Img3 = imfill(BW1,'holes');               %将边缘检测出来的 8 连通区域填充
[m,n]=size(grayimg);
[m1,n1]=find(grayimg1~=0);
imLabel = bwlabel(Img3); %返回标签矩阵 L,其中包含在 BW 中找到的 8 连通对象的标签
stats = regionprops(imLabel,'Area');      %所有连通区域的面积
stats1 = regionprops(imLabel,'BoundingBox');%所有连通区域的外界矩形
area = cat(1,stats.Area);                 %将 struct 类型的数据转换成矩阵类型
boundingbox = cat(1,stats1.BoundingBox);
index = find(area == max(area));          %找到最大的连通区域
Img3 = ismember(imLabel,index);


%将缺陷用红色线标记出来
axes(handles.axes4);
```

```matlab
imshow(Image);
hold on;
[B,L] = bwboundaries(Img3,'noholes');
for i = 1:length(B)
    len(i) = size(B{i},1);
end
for i = 1:length(B)
    boundary = B{i};
    plot(boundary(:,2)+1, boundary(:,1), 'r', 'LineWidth', 1)
end
%到这里
area1 = max(area);                          %缺陷的面积
c1 = boundingbox(index,4);                  %缺陷的宽
k1 = boundingbox(index,3);                  %缺陷的长
set(handles.pushbutton9,'enable','on');
%当按下按钮 pushbutton9 时执行
function pushbutton9_Callback(hObject, eventdata, handles)
%hObject:pushbutton9 的句柄
%eventdata:保留参数,避免未来版本更新时导致代码不兼容
%handles:存储控件句柄和用户数据的结构体
global area1 c1 k1
set(handles.text6,'string',area1);
set(handles.text7,'string',c1);
set(handles.text8,'string',k1);


%当按下按钮 pushbutton10 时执行
function pushbutton10_Callback(hObject, eventdata, handles)
%hObject:pushbutton10 的句柄
%eventdata:保留参数,避免未来版本更新时导致代码不兼容
%handles:存储控件句柄和用户数据的结构体
set(handles.pushbutton2,'enable','off');
set(handles.pushbutton3,'enable','off');
set(handles.pushbutton4,'enable','off');
set(handles.pushbutton5,'enable','off');
set(handles.pushbutton6,'enable','off');
set(handles.pushbutton7,'enable','off');
set(handles.pushbutton8,'enable','off');
set(handles.pushbutton9,'enable','off');
axes(handles.axes1);
cla reset;
set(handles.axes1,'xtick',[],'ytick',[],'xcolor','w','ycolor','w');
axes(handles.axes2);
cla reset;
```

```
set(handles.axes2,'xtick',[],'ytick',[],'xcolor','w','ycolor','w');
axes(handles.axes3);
cla reset;
set(handles.axes3,'xtick',[],'ytick',[],'xcolor','w','ycolor','w');
axes(handles.axes4);
cla reset;
set(handles.axes4,'xtick',[],'ytick',[],'xcolor','w','ycolor','w');
set(handles.text6,'string','');
set(handles.text7,'string','');
set(handles.text8,'string','');
%当用户尝试关闭 figure1 时执行的函数
function figure1_CloseRequestFcn(hObject, eventdata, handles)
%hObject:figure1 的句柄
%eventdata:保留参数,避免未来版本更新时导致代码不兼容
%handles:存储控件句柄和用户数据的结构体
%提示:delete(hObject) 会直接关闭当前图形窗口
delete(hObject);


%当按下按钮 pushbutton11 时执行
function pushbutton11_Callback(hObject, eventdata, handles)
%hObject:pushbutton11 的句柄
%eventdata:保留参数,避免未来版本更新时导致代码不兼容
%handles:存储控件句柄和用户数据的结构体
close all;


%在对象创建过程中执行,且在设置完所有属性后触发
function figure1_CreateFcn(hObject, eventdata, handles)
%hObject:figure1 的句柄
%eventdata:保留参数,避免未来版本更新时导致代码不兼容
%handles:空,在调用所有 CreateFcn 之前不会创建句柄
hObject.Name = '电缆质量检测系统';


%在对象创建过程中执行,且在设置完所有属性后触发
function text6_CreateFcn(hObject, eventdata, handles)
%hObject:text6 的句柄
%eventdata:保留参数,避免未来版本更新时导致代码不兼容
%handles:空,在调用所有 CreateFcn 之前不会创建句柄


%在对象创建过程中执行,且在设置完所有属性后触发
function axes2_CreateFcn(hObject, eventdata, handles)
%hObject:axes2 的句柄
%eventdata:保留参数,避免未来版本更新时导致代码不兼容
%handles:空,在调用所有 CreateFcn 之前不会创建句柄
```

数字图像处理（MATLAB版）

```
%提示:将初始化 axes2 的代码放置在 OpeningFcn 函数中

%在对象创建过程中执行,且在设置完所有属性后触发
function axes3_CreateFcn(hObject, eventdata, handles)
%hObject:axes3 的句柄
%eventdata:保留参数,避免未来版本更新时导致代码不兼容
%handles:空,在调用所有 CreateFcn 之前不会创建句柄
%提示:将初始化 axes3 的代码放置在 OpeningFcn 函数中

%在对象创建过程中执行,且在设置完所有属性后触发
function axes4_CreateFcn(hObject, eventdata, handles)
%hObject:axes4 的句柄
%eventdata:保留参数,避免未来版本更新时导致代码不兼容
%handles:空,在调用所有 CreateFcn 之前不会创建句柄
%提示:将初始化 axes4 的代码放置在 OpeningFcn 函数中
```

（3）运行结果。

程序运行结果如图 10.15 所示,图示为程序运行后半部分结果截图。

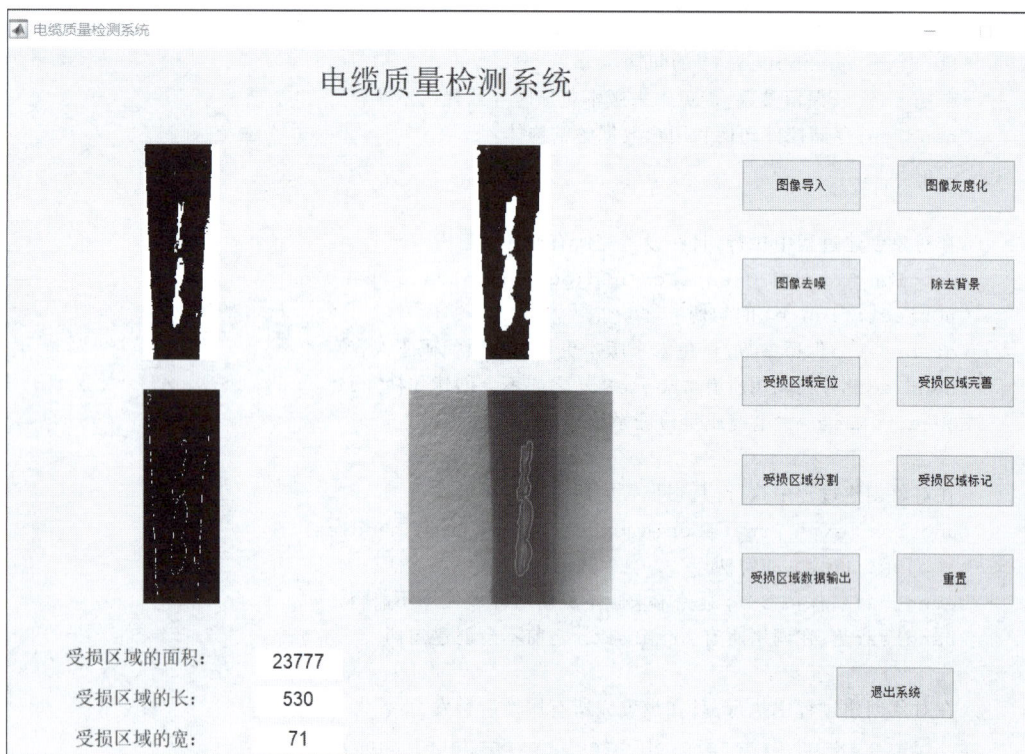

图 10.15　例 10.7 程序运行结果

例 10.8　图 10.16(biao.jpg)和图 10.17(r.jpg)为特高压变电站移动机器人采集的仪表图像,请编写程序自动检测并定位图中仪表指针位置。

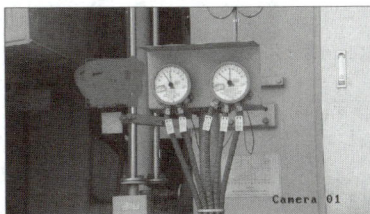

图 10.16 仪表图像 1

图 10.17 仪表图像 2

【解】

（1）理论基础。

在特高压变电站等高危环境下，指针式仪表的读数通常是由人工判读来完成，这种方法不仅受到人的主观因素及外界环境因素的影响而导致判读数据存在误差，而且人在高压线路等高辐射危险环境下，将难以长时间适应仪表所处环境而无法进行读数作业。

本例题旨在利用机器视觉方法，研究指针式仪表的自动识别以取代人眼进行工程作业。

① 由于高压变电站等环境中存在多种类型仪表，为了快速区分仪表类型，本例题将RGB 颜色空间转换为 YCbCr 颜色空间并通过颜色标签对仪表类型进行区分识别。

在变电站等电气工业生产中，指针式仪表有很多种样式，有圆形表，有方形表，并且表所处的环境不同，就会导致光线明亮度不同等差异，那么选择的图像处理方法也就会不相同。解决方法有通过字母标识指针式仪表或通过颜色来标识，由于本例题所涉及的表型只有两种，所以选择通过颜色标识来识别表型。

在指针式仪表旁边竖立红色或蓝色小牌，通过计算 Cb、Cr 值并且根据其值的大小来区分表的类型，并进行图像处理方式选择。

② 根据表盘特征确定表盘位置，然后对提取的表盘进行图像预处理，对目标的图像预处理主要包括图像的滤波处理、对滤波后图像进行直方图均衡化处理，以及关键的数学形态学运算，最后得到细化后的仪表图像，进而便于指针线段的识别。

在 MATLAB 软件中实现对图像细化的主要代码指令为：BW1＝bwmorph(BW,'skel',Inf)。

③ 利用 Hough 变换识别指针位置，为进一步获得仪表的示数奠定基础。

（2）程序实现代码。

```
clear,clc,close all;
image=imread('biao.jpg');
figure;imshow(image)

%使用 YCbCr 颜色空间区分表型
ycbcr=rgb2ycbcr(image);
cr=ycbcr(:,:,3);
[m,n]=find(cr>200);
```

```
figure;imshow(cr);
GRAY =medfilt2(rgb2gray(image));              %灰度图像
figure; imshow(GRAY);title('GRAY')

if length(m)>500                              %判断颜色

    bW=im2bw(GRAY,0.7);
    figure;imshow(bW);title('bW,不同的阈值');
    [L,num]=bwlabel(bW,8);                    %标记 8 连通区域
    figure;imshow(L);title('LLLLLLLLLLLLLLLL');
    g=regionprops(L,'BoundingBox');           %区域
    Bd = cat(1, g.BoundingBox);               %拼接
    [n1,n2]=size(Bd);
    figure;imshow(image);
else                                          %迭代法求取阈值,基于逼近的思想
    GRAY =medfilt2(rgb2gray(image));          %灰度图像

    G=histeq(GRAY,64);                        %直方图均衡化
    %初始阈值,选取 G 的最大、最小灰度值,求得平均值
    T=0.5*(double(min(G(:)))+double(max(G(:))));
    done=false;
    while ~done

        g=G>=T;                               %G 图与 T 比较,区分出前景和背景
        Tnext=0.5*(mean(G(g))+mean(G(~g)));
        %当前阈值,迭代法的解释是除二,之前尝试了用其他值,比如 0.28,发现都有效
        done=abs(T-Tnext)>=0.001;
        T=Tnext;
    end

    BW=G;
    K=find(BW>=T);
    BW(K)=255;
    K=find(BW<T);
    BW(K)=0;
    figure;
    subplot(1,2,1),imshow(GRAY,[]),title('原始图像');
    subplot(1,2,2),imshow(BW,[]),title('分割后图像');
    %二值化图像
    figure,imshow(BW);       title('BW')
    BW=~BW;
    figure,imshow(BW);       title('~BW')
    %与 Ostu 所得阈值相差 0.01
```

```
    [L, num]=bwlabel(~BW, 8);
    figure; imshow(L);


    g=regionprops(L, 'BoundingBox');
    Bd = cat(1, g.BoundingBox);
    [n1, n2]=size(Bd);
end

for k = 1:n1
    p = Bd(k, 3) * Bd(k, 4);  %宽×高
    if p>20000&& Bd(k,2)>250&& Bd(k,2)<size(image,2)/2 &&
            abs((Bd(k, 3)/Bd(k, 4))-1)<0.1 %如果满足面积块大,而且宽/高<0.1
        j= k;
        %截取目标图像
        c=Bd(j,:);
        X=c(1);
        Y=c(2);
        W=c(3);
        H=c(4);
        if length(m)>500
            yx=int16(Y+6):int16(Y+H-65);
            xy=int16(X):int16(X+W-1);
            RI=imcrop(GRAY, [X,Y,W,H]);
            bW=im2bw(RI,0.7);                        %多次重复试验
        else
            yx=int16(Y):int16(Y+H);
            xy=int16(X):int16(X+W-1);
            RI=GRAY(yx,xy);
            bW=im2bw(RI,0.4);
        end
        figure; imshow(RI); title('Ri');
        figure; imshow(bW); title('BBBBBBBB');
        BW=~bW;
        BW1=bwmorph(BW, 'skel', Inf);                %进行数学形态学运算%重点%
        figure, imshow(BW1); title('细化')
        [M,N]=size(BW1);
        [H,T,R] = hough(BW1);
        figure; imshow(H, [], 'XData',T, 'YData',R,
                    'InitialMagnification', 'fit');
        xlabel('\theta'), ylabel('\rho');
        axis on, axis normal, hold on;
        if length(m)>500
            P  = houghpeaks(H, 2, 'threshold', ceil(0.3 * max(H(:))));
```

```
else
    P   = houghpeaks(H,1,'threshold',ceil(0.3 * max(H(:))));
end
x = T(P(:,2));
y = R(P(:,1));
plot(x,y,'s','color','white');
%%画出最长直线
lines = houghlines(RI,T,R,P,'FillGap',250,'MinLength',7);
hold on;
figure, imshow(bW), hold on
max_len = 0;
for kkk = 1:length(lines)
    xy = [lines(kkk).point1; lines(kkk).point2];
    plot(xy(:,1),xy(:,2),'LineWidth',2,'Color','cyan');
        %%标记出起始、结束端点
        plot(xy(1,1),xy(1,2),'x','LineWidth',2,'Color','yellow');
        plot(xy(2,1),xy(2,2),'x','LineWidth',2,'Color','red');
    %%判断最长直线结束端点
    len = norm(lines(kkk).point1 - lines(kkk).point2);
    if ( len > max_len)
        max_len = len;
        xy_long = xy;
    end
end
if length(m)<500
    k=(xy(2,2)-xy(1,2))/(xy(2,1)-xy(1,1));
    theta=atand(k);
    if((xy(1,1))<=N/2)
        q=(180+theta);
    else
        q=theta;
    end
else
    z=0;
    for kkk=1:length(lines)
        xy = [lines(kkk).point1; lines(kkk).point2];
        k=(xy(2,2)-xy(1,2))/(xy(2,1)-xy(1,1));
        theta=atand(k);
        if((xy(1,1))/2<=N/2)
            q=(180-theta-18);
        else
            q=theta-18;
        end
```

```
                    shishu=q * 1.11;

                    if kkk==2;
                        z=z+shishu * 0.01;
                        disp(z);
                    end
                    z=z+shishu;
                end
            end
        end
end

%校正
if length(m)<500
bW=imrotate(bW,theta);
figure;imshow(bW);
end

bW=imrotate(bW,theta);
figure;imshow(bW);

bW=imcrop(bW,[30,30,500,350]);
BW1=bwmorph(~bW,'skel',Inf);
figure;imshow(BW1);

[M,N]=size(BW1);
[H,T,R] = hough(BW1);
figure;imshow(H,[],'XData',T,'YData',R,'InitialMagnification','fit');
xlabel('\theta'), ylabel('\rho');
axis on, axis normal, hold on;

if length(m)>500
    P = houghpeaks(H,2,'threshold',ceil(0.3 * max(H(:))));
else
    P = houghpeaks(H,1,'threshold',ceil(0.3 * max(H(:))));
end
x = T(P(:,2));
y = R(P(:,1));
plot(x,y,'s','color','white');

%%画出最长直线
lines = houghlines(RI,T,R,P,'FillGap',250,'MinLength',7);
hold on;
```

```
figure, imshow(bW), hold on
max_len = 0;
for kkk = 1:length(lines)
    xy = [lines(kkk).point1; lines(kkk).point2];
    plot(xy(:,1),xy(:,2),'LineWidth',2,'Color','cyan');
    %%标记出起始、结束端点
    plot(xy(1,1),xy(1,2),'x','LineWidth',2,'Color','yellow');
    plot(xy(2,1),xy(2,2),'x','LineWidth',2,'Color','red');
    %%判断最长直线结束端点
    len = norm(lines(kkk).point1 - lines(kkk).point2);
    if ( len > max_len)
        max_len = len;
        xy_long = xy;
    end
end
```

（3）运行结果。

对 biao.jpg 仪表图像进行处理后，程序运行结果如图 10.18 所示；对 r.jpg 仪表图像进行处理后，程序运行结果如图 10.19 所示。

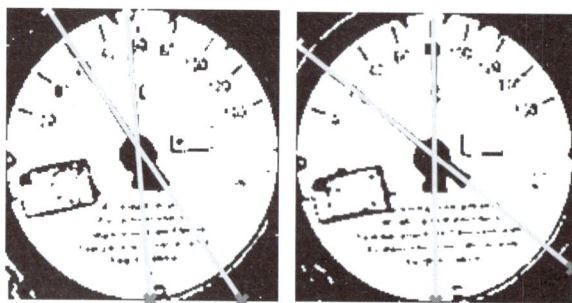

图 10.18　biao.jpg 图像处理结果

图 10.19　r.jpg 图像处理结果

本例题程序运行后，中间处理结果图未列出，请自行查看，本例题只列出了最后指针定位结果图。

10.2　深度学习算法应用案例

例 10.9　利用卷积神经网络(CNN)对剑桥大学的 CamVid 数据集进行语义分割。

【解】

语义分割对图像中的每个像素进行分类,从而得到按类别分割的图像。

本例展示了如何使用语义分割对图像进行分割,如何利用预训练的 DeepLab v3＋网络分割图像,这是一种专为语义图像分割设计的卷积神经网络(CNN)。用于语义分割的其他类型的网络包括全卷积网络(FCN)、SegNet 和 U-Net。可选择下载数据集,使用迁移学习来训练 DeepLab v3＋网络。

剑桥大学的 CamVid 数据集包含驾驶时获得的街道级视图的图像集合,该数据集为 32 个语义类提供了像素级标签,包括汽车、行人和道路。

建议使用支持 CUDA 的 NVIDIA GPU 来运行此示例,这需要并行计算工具箱。

(1) 下载预训练语义分割网络。

下载基于 CamVid 数据集训练的 DeepLab v3＋预训练版本,代码如下:

```
pretrainedURL = 'https://ssd.mathworks.com/supportfiles/vision/data
                /deeplabv3plusResnet18CamVid.zip';
pretrainedFolder = fullfile(tempdir,'pretrainedNetwork');
pretrainedNetworkZip = fullfile(pretrainedFolder,
                       'deeplabv3plusResnet18CamVid.zip');
if ~exist(pretrainedNetworkZip,'file')
    mkdir(pretrainedFolder);
    disp('Downloading pretrained network (58 MB)...');
    websave(pretrainedNetworkZip,pretrainedURL);
end
unzip(pretrainedNetworkZip, pretrainedFolder)
```

(2) 加载预训练网络,代码如下:

```
pretrainedNetwork = fullfile(pretrainedFolder,
                    'deeplabv3plusResnet18CamVid.mat');
data = load(pretrainedNetwork);
net = data.net;
```

(3) 列出分类类别,代码如下:

```
classes = string(net.Layers(end).Classes)
classes = 11×1 string
"Sky"
"Building"
"Pole"
```

```
"Road"
"Pavement"
"Tree"
"SignSymbol"
"Fence"
"Car"
"Pedestrian"
```

（4）执行图像语义分割，代码如下：

```
%读取网络训练图像
I = imread('highway.png');
%将图像调整为网络的输入大小
inputSize = net.Layers(1).InputSize;
I = imresize(I,inputSize(1:2));

%使用 semanticseg 函数和预训练网络进行语义分割
C = semanticseg(I,net);

%用 labeloverlay 将分割结果叠加在图像上,将叠加颜色图设置
%为 CamVid 数据集定义的颜色图值,如图 10.20 所示
cmap = camvidColorMap;
B = labeloverlay(I,C,'Colormap',cmap,'Transparency',0.4);
figure
imshow(B)
pixelLabelColorbar(cmap, classes);
```

程序运行结果如图 10.20 所示。

图 10.20　语义分割图像

```
%虽然该网络对城市驾驶图像进行了预训练,在高速公路驾驶场景中应用也产生了合理的结
%果。但是为了改善分割结果,应该用包含高速公路驾驶场景的额外图像对网络进行再训练

%本例后续展示了如何使用迁移学习训练语义分割网络
%训练语义分割网络
%本例使用预先训练的 ResNet-18 网络初始化 DeepLab v3+网络的权重。ResNet-18 是
%一个高效的网络,非常适合处理资源有限的应用程序。根据应用需求,也可以使用其他预
%训练网络,如 MobileNet v2 或 ResNet-50
%要获得预训练的 ResNet-18,需要安装 ResNet-18 网络的 Deep Learning Toolbox Model
%安装完成后,运行以下代码以验证安装是否正确
resnet18();

%从以下网址下载 CamVid 数据集
imageURL = 'http://web4.cs.ucl.ac.uk/staff/g.brostow
                 /MotionSegRecData/files/701_StillsRaw_full.zip';
labelURL = 'http://web4.cs.ucl.ac.uk/staff/g.brostow
                 /MotionSegRecData/data/LabeledApproved_full.zip';
outputFolder = fullfile(tempdir,'CamVid');
labelsZip = fullfile(outputFolder,'labels.zip');
imagesZip = fullfile(outputFolder,'images.zip');

if ~exist(labelsZip, 'file') || ~exist(imagesZip,'file')
    mkdir(outputFolder)
    disp('Downloading 16 MB CamVid dataset labels...');
    websave(labelsZip, labelURL);
    unzip(labelsZip, fullfile(outputFolder,'labels'));
    disp('Downloading 557 MB CamVid dataset images...');
    websave(imagesZip, imageURL);
    unzip(imagesZip, fullfile(outputFolder,'images'));
end
%注意:数据的下载时间取决于您的互联网连接。上面使用的命令会阻塞 MATLAB 的运行,直到
%下载完成。或者可以使用 Web 浏览器首先将数据集下载到本地磁盘。要使用从 Web 下载的
%文件,请将上面的 outputFolder 变量更改为下载文件的位置
%加载 CamVid 图像
%使用 imageDatastore 函数加载 CamVid 图像。imageDatastore 能够高效地在磁盘上
%加载大量图像
imgDir = fullfile(outputFolder,'images','701_StillsRaw_full');
imds = imageDatastore(imgDir);
```

程序运行结果如图 10.21 所示。

图 10.21　CamVid 图像

```
%显示其中一幅图像,如图 10.21 所示
I = readimage(imds,559);
I = histeq(I);
imshow(I)

%加载 CamVid 像素标记图像
%使用 pixelLabelDatastore 函数加载 CamVid 像素标签图像数据
%pixelLabelDatastore 函数将像素标签数据和标签 ID 封装到类名映射中
%为了使训练更容易,将 CamVid 中的 32 个原始类分为 11 个类别
classes = [
    "Sky"
    "Building"
    "Pole"
    "Road"
    "Pavement"
    "Tree"
    "SignSymbol"
    "Fence"
    "Car"
    "Pedestrian"
    "Bicyclist"
    ];

%为了将 32 个类减少到 11 个,将原始数据集中的多个类分组在一起。例如,Car 是 Car、
%SUV 皮卡、Truck_Bus、Train 和 OtherMoving 的组合
labelIDs = camvidPixelLabelIDs();

%使用类和标签 ID 创建像素标签数据存储
labelDir = fullfile(outputFolder,'labels');
pxds = pixelLabelDatastore(labelDir,classes,labelIDs);
%通过将像素标记的图像叠加在图像上,没有颜色覆盖的区域没有像素标签,在训练过程中
%也不会使用。读取并显示其中一幅图像,如图 10.22 所示
C = readimage(pxds,559);
cmap = camvidColorMap;
B = labeloverlay(I,C,'ColorMap',cmap);
imshow(B)
pixelLabelColorbar(cmap,classes);
```

程序运行结果如图 10.22 所示。

图 10.22 标记 CamVid 图像示例

```
%分析数据集统计信息
%要查看 CamVid 数据集中类标签的分布,需要利用 countEachLabel 函数,
%该函数按类标签计算像素数
tbl = countEachLabel(pxds)
```

程序运行结果如图 10.23 所示。

tbl = 11×3 table

	Name	PixelCount	ImagePixelCount
1	'Sky'	76801167	483148800
2	'Building'	117373718	483148800
3	'Pole'	4798742	483148800
4	'Road'	140535728	484531200
5	'Pavement'	33614414	472089600
6	'Tree'	54258673	447897600
7	'SignSymbol'	5224247	468633600
8	'Fence'	6921061	251596800
9	'Car'	24436957	483148800
10	'Pedestrian'	3402909	444441600
11	'Bicyclist'	2591222	261964800

图 10.23 数据集统计信息

```
%按类别可视化像素计数,如图 10.24 所示
frequency = tbl.PixelCount/sum(tbl.PixelCount);
bar(1:numel(classes),frequency)
xticks(1:numel(classes))
xticklabels(tbl.Name)
xtickangle(45)
ylabel('Frequency')
```

程序运行结果如图 10.24 所示。

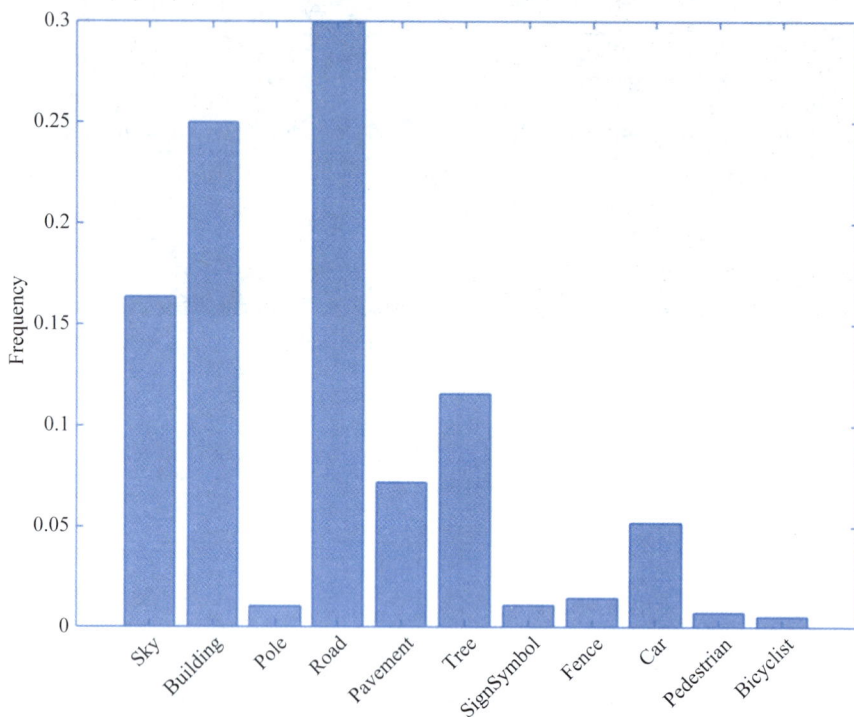

图 10.24 像素计数统计

理想情况下,所有类别应该具有相等的数量,然而 CamVid 中的类是不平衡的,这是因为街道场景汽车有比行人和骑自行者更多的数量,天空、建筑物和道路在图像中覆盖了更多的区域。如果处理不当,这种不平衡可能会对学习过程产生不利影响,因为学习偏向于占主导地位的类别,因此需要利用类别权重来处理此问题。

CamVid 数据集中的图像大小为 720×960。如果 GPU 没有足够的内存,可能需要将图像调整到较小的尺寸。

```
%准备训练集、验证集和测试集
%DeepLab v3+使用数据集中 60%的图像进行训练,其余的图像被平均分成 20%和 20%,
%分别用于验证和测试
```

```
%以下代码将图像和像素标签数据随机拆分为训练集、验证集和测试集

[imdsTrain, imdsVal, imdsTest, pxdsTrain, pxdsVal, pxdsTest]
          = partitionCamVidData(imds,pxds);

numTrainingImages = numel(imdsTrain.Files)
numTrainingImages = 421
numValImages = numel(imdsVal.Files)
numValImages = 140
numTestingImages = numel(imdsTest.Files)
numTestingImages = 140
```

```
%创建网络
%利用 deeplabv3plusLayers 函数基于 ResNet-18 创建 DeepLab v3+ 网络
%指定网络输入图像大小,通常与训练图像大小相同

imageSize = [720 960 3];
%指定类的数量
numClasses = numel(classes);
```

```
%创建 DeepLab v3+
lgraph = deeplabv3plusLayers(imageSize, numClasses, "resnet18");
```

```
%利用类权重平衡各类别
%如前所述,CamVid 中的类别并不平衡,为了改善训练效果,利用类别加权来平衡类别
%使用之前用 countEachLabel 函数计算的像素标签数,并计算中值频率类权重值

imageFreq = tbl.PixelCount ./ tbl.ImagePixelCount;
classWeights = median(imageFreq) ./ imageFreq
classWeights = 11×1
        0.3182
        0.2082
        5.0924
        0.1744
        0.7103
        0.4175
        4.5371
        1.8386
        1.0000
        6.6059
```

```
%使用 pixelClassificationLayer 指定类别权重
```

```
pxLayer = pixelClassificationLayer('Name','labels','Classes',
          tbl.Name,'ClassWeights',classWeights);
lgraph = replaceLayer(lgraph,"classification",pxLayer);


%训练参数的选择
%训练优化算法是动量随机梯度下降(SGDM),利用 trainingOptions 函数指定 SGDM 的超参数
%定义验证数据


dsVal = combine(imdsVal,pxdsVal);


%设置训练参数
options = trainingOptions('sgdm', ...
    'LearnRateSchedule','piecewise',...
    'LearnRateDropPeriod',10,...
    'LearnRateDropFactor',0.3,...
    'Momentum',0.9, ...
    'InitialLearnRate',1e-3, ...
    'L2Regularization',0.005, ...
    'ValidationData',dsVal,...
    'MaxEpochs',30, ...
    'MiniBatchSize',8, ...
    'Shuffle','every-epoch', ...
    'CheckpointPath', tempdir, ...
    'VerboseFrequency',2,...
    'Plots','training-progress',...
    'ValidationPatience', 4);
```

学习率利用分段进行设置。学习率每 10 个周期降低 0.3 倍。这使得网络能够以更高的初始学习率快速学习，同时一旦学习率下降，能够找到接近局部最优的解决方案。

通过设置 ValidationData 参数，在每个训练周期对网络进行验证数据测试。将 ValidationPatience 设置为 4，以便在验证精度收敛时提前停止训练，这可以防止网络在训练数据集上过度拟合。

在训练时，将 MiniBatchSize 设置为 8，以此减少训练时的内存使用。可以根据系统上的 GPU 内存量增加或减少此值。

此外，CheckpointPath 被设置为临时位置。此名称-值对允许在每个训练周期结束时保存网络检查点。如果训练因系统故障或停电而中断，可以从保存的检查点恢复训练。确保 CheckpointPath 指定的位置有足够的空间来存储网络检查点。

数据增强用于通过在训练过程中随机转换原始数据来提高网络精度。通过使用数据增强，可以在不增加标记训练样本数量的情况下为训练数据添加更多种类。要对图像和像素标签数据应用相同的随机变换。

```
dsTrain = combine(imdsTrain, pxdsTrain);

%使用数据存储转换来应用支持函数 auctionImageAndLabel 中定义的所需数据增强
%+/-10 像素的随机左/右反射和随机 X/Y 平移用于数据增强

xTrans = [-10 10];
yTrans = [-10 10];
dsTrain = transform(dsTrain,
             @(data)augmentImageAndLabel(data,xTrans,yTrans));

%请注意,数据增强不适用于测试和验证数据。理想情况下,测试和验证数据应代表
%原始数据,并保持不变以进行无偏评估

%开始训练
%如果 doTraining 标志为真,则使用 trainNetwork 开始训练。否则,加载预训练的网络
%如果 GPU 内存较小,可能会在训练过程中内存不足。如果发生这种情况,请尝试
%在 trainingOptions 中将 MiniBatchSize 设置为 1
%或减少网络输入并调整训练数据的大小

doTraining = false;
if doTraining
    [net, info] = trainNetwork(dsTrain,lgraph,options);
end

%在一幅图像上测试网络,即在一个测试图像上运行训练好的网络

I = readimage(imdsTest,35);
C = semanticseg(I, net);

%显示结果,如图 10.25 所示
B = labeloverlay(I,C,'Colormap',cmap,'Transparency',0.4);
imshow(B)
pixelLabelColorbar(cmap, classes);
```

程序运行结果如图 10.25 所示。

```
%将 C 中的结果与存储在 pxdsTest 中的预期地面真值进行比较。绿色和品红色区域突出
%显示了分割结果与预期地面真实值不同的区域,如图 10.26 所示
expectedResult = readimage(pxdsTest,35);
actual = uint8(C);
expected = uint8(expectedResult);
imshowpair(actual, expected)
%从视觉上看,对于道路、天空和建筑等类别,语义分割结果重叠良好;
```

```
%然而,行人和汽车等较小的物体并不那么准确
%每个类别的重叠量可以使用联合交集(IoU)度量来衡量,也称为 Jaccard 指数
%使用 jaccard 函数测量 IoU

iou = jaccard(C,expectedResult);
table(classes,iou)
```

图 10.25　测试图像示例

图 10.26　语义分割图像比较结果

程序运行结果如图 10.27 所示。

ans = 11×2 table

	classes	iou
1	"Sky"	0.9342
2	"Building"	0.8660
3	"Pole"	0.3752
4	"Road"	0.9452
5	"Pavement"	0.8542
6	"Tree"	0.9156
7	"SignSymbol"	0.6208
8	"Fence"	0.8108
9	"Car"	0.7145
10	"Pedestrian"	0.3725
11	"Bicyclist"	0.6977

图 10.27　IoU 测量结果

IoU 指标证实了视觉结果。道路、天空和建筑类具有较高的 IoU 分数,而行人和汽车等类得分较低。其他常见的分割指标包括 Dice 值和 Boundary-F1 轮廓匹配值。

(5) 评估训练网络。

要测量多个测试图像的准确性,请在整个测试集上运行 semanticseg。

将 MiniBatchSize 设置为 4,用于在分割图像时减少内存。可以根据系统上的 GPU 内存量增加或减少此值。

```
pxdsResults = semanticseg(imdsTest,net, ...
    'MiniBatchSize',4, ...
    'WriteLocation',tempdir, ...
    'Verbose',false);
%semanticseg 函数将测试集的结果作为 pixelLabelDatastore 对象返回
%imdsTest 中每个测试图像的实际像素标签数据被写入磁盘中 WriteLocation 参数
%指定的位置。使用 evaluateSemanticSegmentation 来衡量测试集结果的语义分割度量


metrics = evaluateSemanticSegmentation(pxdsResults,
          pxdsTest,'Verbose',false);


%evaluateSemanticSegmentation 返回整个数据集、单个类和每个测试图像的各种指标


metrics.DataSetMetrics
```

程序运行结果如图 10.28 所示。

ans = 1×5 table

	GlobalAccuracy	MeanAccuracy	MeanIoU	WeightedIoU	MeanBFScore
1	0.8924	0.8657	0.6635	0.8284	0.6932

图 10.28　整个数据集、单个类和每个测试图像的各种指标

%要查看每个类对整体性能的影响,需使用度量检查每个类的 ClassMetrics
metrics.ClassMetrics

程序运行结果如图 10.29 所示。

ans = 11×3 table

	Accuracy	IoU	MeanBFScore
1 Sky	0.9427	0.9098	0.9085
2 Building	0.8149	0.7916	0.6396
3 Pole	0.7600	0.2463	0.5851
4 Road	0.9395	0.9264	0.8061
5 Pavement	0.9005	0.7387	0.7454
6 Tree	0.8817	0.7746	0.7289
7 SignSymbol	0.7649	0.4234	0.5371
8 Fence	0.8366	0.5744	0.5567
9 Car	0.9259	0.7944	0.7433
10 Pedestrian	0.8672	0.4708	0.6436
11 Bicyclist	0.8888	0.6478	0.5947

图 10.29　每个类的 ClassMetrics

主程序中调用的函数文件如下：

```
function labelIDs = camvidPixelLabelIDs()
%返回每个类对应的标签 ID
%CamVid 数据集有 32 个类别,按照 SegNet 原始训练方法将其分组为 11 类
%这 11 类是 Sky、Building、Pole、Road、Pavement、Tree、SignSymbol、Fence、Car、
%Pedestrian 和 Bicyclist
%CamVid 数据集的像素标签 ID 以 RGB 颜色值的形式展示,将 CamVid 的 32 个类别合并为 11
%类,并以元胞数组形式返回,其中每个元胞元素为 M 行 3 列的矩阵(存储 RGB 颜色值)
%每个 RGB 颜色值均对应 CamVid 原始类别名称。注意以下列表中排除了 Other/Void(其他/
%无效)类别
```

```
labelIDs = { ...
    %"Sky"
    [
         128 128 128; ... %"Sky"
    ]


    %"Building"
    [
         000 128 064; ... %"Bridge"
         128 000 000; ... %"Building"
         064 192 000; ... %"Wall"
         064 000 064; ... %"Tunnel"
         192 000 128; ... %"Archway"
    ]


    %"Pole"
    [
         192 192 128; ... %"Column_Pole"
         000 000 064; ... %"TrafficCone"
    ]


    %"Road"
    [
         128 064 128; ... %"Road"
         128 000 192; ... %"LaneMkgsDriv"
         192 000 064; ... %"LaneMkgsNonDriv"
    ]


    %"Pavement"
    [
         000 000 192; ... %"Sidewalk"
         064 192 128; ... %"ParkingBlock"
         128 128 192; ... %"RoadShoulder"
    ]

    %"Tree"
    [
         128 128 000; ... %"Tree"
         192 192 000; ... %"VegetationMisc"
    ]


    %"SignSymbol"
```

```matlab
    [
        192 128 128; ... % "SignSymbol"
        128 128 064; ... % "Misc_Text"
        000 064 064; ... % "TrafficLight"
    ]


    % "Fence"
    [
        064 064 128; ... % "Fence"
    ]


    % "Car"
    [
        064 000 128; ... % "Car"
        064 128 192; ... % "SUVPickupTruck"
        192 128 192; ... % "Truck_Bus"
        192 064 128; ... % "Train"
        128 064 064; ... % "OtherMoving"
    ]


    % "Pedestrian"
    [
        064 064 000; ... % "Pedestrian"
        192 128 064; ... % "Child"
        064 000 192; ... % "CartLuggagePram"
        064 128 064; ... % "Animal"
    ]


    % "Bicyclist"
    [
        000 128 192; ... % "Bicyclist"
        192 000 192; ... % "MotorcycleScooter"
    ]


    };
end

function pixelLabelColorbar(cmap, classNames)
%将颜色条添加到当前轴。颜色栏的格式设置为用颜色显示类名
colormap(gca,cmap)
%向当前图形添加颜色条
c = colorbar('peer', gca);
%使用类别名称作为刻度标记
```

```matlab
c.TickLabels = classNames;
numClasses = size(cmap,1);
%将刻度标签居中对齐
c.Ticks = 1/(numClasses * 2):1/numClasses:1;
%移除刻度标记
c.TickLength = 0;
end

function cmap = camvidColorMap()
%定义 CamVid 数据集使用的颜色图
cmap = [
    128 128 128      %Sky
    128 0 0          %Building
    192 192 192      %Pole
    128 64 128       %Road
    60 40 222        %Pavement
    128 128 0        %Tree
    192 128 128      %SignSymbol
    64 64 128        %Fence
    64 0 128         %Car
    64 64 0          %Pedestrian
    0 128 192        %Bicyclist
];

%把数据归一化为[0,1]的数据
cmap = cmap ./ 255;
end

function [imdsTrain, imdsVal, imdsTest, pxdsTrain, pxdsVal, pxdsTest] = ...
            partitionCamVidData(imds,pxds)
%对 CamVid 数据进行划分

%设置初始随机状态以确保示例结果可复现
rng(0);
numFiles = numel(imds.Files);
shuffledIndices = randperm(numFiles);

%利用 60%的图像进行训练
numTrain = round(0.60 * numFiles);
trainingIdx = shuffledIndices(1:numTrain);
%利用 20%的图像进行验证
numVal = round(0.20 * numFiles);
valIdx = shuffledIndices(numTrain+1:numTrain+numVal);
```

```
%其余图像用于测试
testIdx = shuffledIndices(numTrain+numVal+1:end);

%创建用于训练和测试的图像数据存储量

trainingImages = imds.Files(trainingIdx);
valImages = imds.Files(valIdx);
testImages = imds.Files(testIdx);

imdsTrain = imageDatastore(trainingImages);
imdsVal = imageDatastore(valImages);
imdsTest = imageDatastore(testImages);

%提取类和标签 ID 信息
classes = pxds.ClassNames;
labelIDs = camvidPixelLabelIDs();

%创建用于训练和测试的像素标签数据存储量
trainingLabels = pxds.Files(trainingIdx);
valLabels = pxds.Files(valIdx);
testLabels = pxds.Files(testIdx);

pxdsTrain = pixelLabelDatastore(trainingLabels, classes, labelIDs);
pxdsVal = pixelLabelDatastore(valLabels, classes, labelIDs);
pxdsTest = pixelLabelDatastore(testLabels, classes, labelIDs);
end


function data = augmentImageAndLabel(data, xTrans, yTrans)
%使用随机反射和平移来增强图像和像素标签图像
for i = 1:size(data,1)
    tform=randomAffine2d('XReflection',true,'XTranslation',
                            xTrans,'YTranslation',... yTrans);

    %在输出空间中将视图居中于图像中心,同时允许通过平移操作将输出图像移出视图范围
    rout = affineOutputView(size(data{i,1}), tform, 'BoundsStyle',
                            'centerOutput');
    %使用相同的变换对图像和像素标签进行处理
    data{i,1} = imwarp(data{i,1}, tform, 'OutputView', rout);
    data{i,2} = imwarp(data{i,2}, tform, 'OutputView', rout);
end
%版权所有 2018-2022 The MathWorks, Inc.
```

　　尽管整体数据集的性能较高,但运行结果指标值显示,行人、自行车和汽车等类别细分程度不如道路、天空和建筑等。如果图像中包含更多代表性不足的类别样本,则增加额外数据有助于改善语义分割效果。